高等学校专业基础课系列教材

电工学实验教程

主　编　张一清　杨少卿

西安电子科技大学出版社

内 容 简 介

本书共三章，第一章是电工学的实验内容，共 10 个实验，介绍了电路基本原理的验证方法，包括直流电路、交流电路和暂态电路的实验内容；第二章是模拟电子技术基础课程的实验内容，共 7 个实验；第三章是数字电子技术基础课程的实验内容，共 6 个实验。

全书基本上是按照课程的内容顺序编排的，每个实验均对实验目的、实验仪器与器件、实验原理及实验内容进行了详细介绍，并对实验预习和实验报告提出了具体要求。本书在结构编排上，从基础实验、技能训练到综合设计，内容循序渐进，各实验环节紧密衔接，不同层次之间融会贯通，全面反映了电工学的实验教学体系。

本书可作为高等学校电路分析实验、电工学实验、电工电子技术实验、电工电子课程设计等课程的教材，亦可作为相关维修人员以及电工电子技术工作人员的技术参考书。

图书在版编目(CIP)数据

电工学实验教程/张一清，杨少卿主编. —西安：西安电子科技大学出版社，2018.8(2024.8 重印)

ISBN 978 - 7 - 5606 - 5003 - 6

Ⅰ. ①电… Ⅱ. ①张… ②杨… Ⅲ. ①电工实验—教材 Ⅳ. ① TM

中国版本图书馆 CIP 数据核字(2018)第 162422 号

策　　划　秦志峰　刘　杰
责任编辑　秦志峰
出版发行　西安电子科技大学出版社(西安市太白南路 2 号)
电　　话　(029)88202421　88201467　　　邮　　编　710071
网　　址　www. xduph. com　　　　　　电子邮箱　xdupfxb001@163.com
经　　销　新华书店
印刷单位　广东虎彩云印刷有限公司
版　　次　2018 年 8 月第 1 版　2024 年 8 月第 5 次印刷
开　　本　787 毫米×960 毫米　1/16　印张 8
字　　数　131 千字
定　　价　22.00 元
ISBN 978 - 7 - 5606 - 5003 - 6
XDUP 5305001 - 5

* * * 如有印装问题可调换 * * *

前　言

　　"电工学"是高等学校电子信息类、通信工程类、电气类专业及其他相近专业必修的基础课程，包括电路基础、模拟电子技术、数字电子技术和电气控制基础等内容。与其配套的"电工学实验"是教学中一个非常重要的环节。实验教学能够巩固学生的电工学基础理论知识，培养学生的实践技能和分析问题、解决问题的能力，启发学生的创新意识。因此，我们参照国家教育部电子信息与电气学科教学指导委员会制定的《电工学课程教学基本要求》和《高等学校基础课实验教学示范中心的建设标准》，在总结多年实验教学经验和工程技术经验的基础上，紧跟时代步伐，编写了本书。

　　本书分为三章，这三章既各成体系，又相互联系。第一章电工学实验有10个实验，包括电路元件伏安特性的测绘，基尔霍夫定律和叠加原理的验证，电压源与电流源的等效变换，戴维宁定理的验证，三相交流电路电压、电流的测量，三相电路功率的测量，正弦稳态交流电路相量的研究，三相鼠笼式异步电动机的使用，三相鼠笼式异步电动机的点动和自锁控制，受控源的实验研究。第二章模拟电路实验有7个实验，包括常用电子仪器的使用，单管共射交流放大电路，负反馈放大电路，比例求和运算电路，积分与微分电路，集成电路 RC 正弦波振荡电路，整流滤波与并联稳压电路。第三章数字电路实验有6个实验，包括 TTL 基本门电路逻辑功能测试，译码器及其应用，数据选择器及其应用，集成触发器及其应用，集成计数器及其应用，时序逻辑电路设计。

　　本书由张一清和杨少卿担任主编。其中，第一章由张一清编写，第二章、第三章由杨少卿编写。

　　由于编者水平有限，书中不足之处在所难免，欢迎广大读者和同行批评指正。

编　者

2018 年 6 月

目 录

第一章　电工学实验

  电工实验是电工学的重要组成部分，是电工学教学中不可缺少的重要环节。通过电工学实验，学生能够基本掌握常用电子仪器(万用表、毫伏表、信号源、直流稳压电源、示波器等)的正确使用方法，基本电参数(交直流电压、交直流电流、频率、时间等)的测量方法，电路的基本测试方法(时域)，掌握电子元器件的国标系列并能够正确地选择、测试和使用电子元器件；同时，培养学生的实验研究能力、分析和解决问题的能力、实验数据的处理能力、理论联系实践的能力、故障诊断能力、设计与实践能力，让学生学会测试、观察实验现象、数据分析处理的基本方法与理论知识；此外，在实验中可培养学生实事求是、严谨的科学作风，良好的治学精神以及爱护公物的优秀品质，并学会编写实验报告(包括对测试结果数据的基本分析和处理)，为今后学习专业知识和工作打下良好的基础。

实验一 电路元件伏安特性的测绘

一、实验目的

1. 学会识别常用电路元件的方法。
2. 掌握线性电阻、非线性电阻元件伏安特性的测绘方法。
3. 掌握实验台上直流电工仪表和设备的使用方法。

二、实验仪器与器件

1. 可调直流稳压电源；
2. 万用表；
3. 直流数字毫安表；
4. 直流数字电压表；
5. 二极管；
6. 稳压管；
7. 白炽灯；
8. 线性电阻器。

三、实验原理

任何一个电路元件的伏安特性都可用该元件上的端电压 U 与通过该元件的电流 I 之间的函数关系 $I = f(U)$ 来表示，即用 I - U 平面上的一条曲线来表征，这条曲线称为该元件的伏安特性曲线。如图 1.1.1 所示。

从图 1.1.1 中可以看出：

1. 线性电阻器的伏安特性曲线是一条通过坐标原点的直线，如图 1.1.1 中曲线 a 所示，该直线的斜率等于该电阻器的电阻值。

2. 一般的白炽灯在工作时灯丝处于高温状态，其灯丝电阻随着温度的升高而增大，通过白炽灯的电流越大，其温度越高，阻值也越大。一般灯泡的"冷电阻"与"热电阻"的阻值可能会相差几倍至十几倍，其伏安特性如图 1.1.1 中曲线 b 所示。

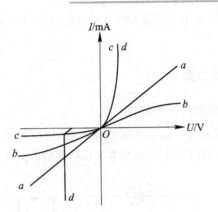

图 1.1.1　电路元件伏安特性曲线

3. 一般的半导体二极管是一个非线性电阻元件,其伏安特性如图 1.1.1 中曲线 c 所示。正向压降很小(一般的锗管约为 $0.2\sim0.3$ V,硅管约为 $0.5\sim0.7$ V),正向电流随正向压降的升高而急剧上升,而反向电压从零一直增加到十几伏甚至几十伏时,其反向电流增加很小,粗略地可视为零。可见,二极管具有单向导电性。但反向电压若加得过高,超过管子的极限值,管子则会被击穿。

4. 稳压二极管是一种特殊的半导体二极管,其正向特性与普通二极管类似,但其反向特性较特别,如图 1.1.1 中曲线 d 所示。在反向电压开始增加时,其反向电流几乎为零,但当电压增加到某一数值时(称为管子的稳压值,有各种不同稳压值的稳压管),电流将突然增加,以后它的端电压将基本维持恒定,当外加的反向电压继续升高时其端电压仅有少量增加。

注意:流过二极管或稳压二极管的电流不能超过管子的极限值,否则管子会被烧坏。

四、预习要求

实验前要预习此实验并能解决以下问题:

1. 线性电阻与非线性电阻的概念是什么?电阻器与二极管的伏安特性有何区别?

2. 设某器件伏安特性曲线的函数式为 $I=f(U)$,试问:在逐点绘制曲线时,其坐标变量应如何放置?

3. 稳压二极管与普通二极管有何区别,其用途是什么?

3

4. 在后面图 1.1.3 中,若设 $U=2$ V,$U_{D+}=0.7$ V,则毫安表的读数为多少?

五、实验内容及步骤

1. 测定线性电阻器的伏安特性。

按图 1.1.2 接线,调节稳压电源的输出电压 U,从 0 伏开始缓慢地增加,一直增到 10 V,记下相应的电压表和电流表的读数 U_R、I,填入表 1.1.1 中。

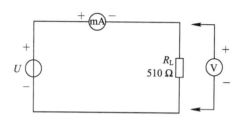

图 1.1.2 线性电阻和白炽灯伏安特性测试电路

表 1.1.1 线性电阻伏安特性测试数据

U_R/V	1	3	5	7	9
I/mA					

2. 测定非线性白炽灯泡的伏安特性。

将图 1.1.2 中的 R_L 换成一只 12 V、0.1 A 的灯泡,重复上述步骤 1,将测量结果填入表 1.1.2 中,U_L 为灯泡的端电压。

表 1.1.2 白炽灯伏安特性测试数据

U_L/V	0.5	1	2	3	4	6	7
I/mA							

3. 测定半导体二极管的伏安特性。

(1) 按图 1.1.3 接线,R 为限流电阻器。测二极管的正向特性时,其正向电流不得超过 35 mA,二极管 V_D 的正向施压 U_{D+} 可在 0~0.75 V 之间取值,记下电压表和毫安表的读数,将数据填入表 1.1.3 中。

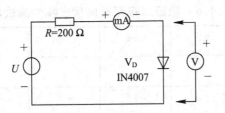

图 1.1.3　半导体二极管和稳压管伏安特性测试电路

表 1.1.3　半导体二极管正向伏安特性测试数据

U_{D+}/V	0.10	0.30	0.50	0.55	0.60	0.65	0.70	0.75
I/mA								

（2）测反向特性时，将图 1.1.3 中的二极管 V_D 反接，所加电压为 0～30 V，将测量结果填入表 1.1.4 中。

表 1.1.4　半导体二极管反向伏安特性测试数据

U_{D-}/V	0	−5	−10	−15	−20	−25	−30
I/mA							

4. 测定稳压二极管的伏安特性。

（1）正向特性实验：将图 1.1.3 中的二极管换成稳压二极管 2CW51，重复实验内容 3 中的正向测量，U_{Z+} 为二极管 2CW51 的正向施压，将测量数据填入表 1.1.5 中。

表 1.1.5　稳压二极管正向伏安特性测试数据

U_{Z+}/V	0.10	0.30	0.50	0.55	0.60	0.65	0.70	0.75
I/mA								

（2）反向特性实验：将图 1.1.3 中的 R 改为 510 Ω，二极管 2CW51 反接，测量二极管 2CW51 的反向特性。稳压电源的输出电压 U_O 为 0～20 V，测量二极管 2CW51 两端的电压 U_{Z-} 及电流 I，由 U_{Z-} 可看出其稳压特性。将所测数据填入表 1.1.6 中。

表 1.1.6　稳压二极管反向伏安特性测试数据

U_O/V	0	-5	-10	-15	-20
U_{Z-}/V					
I/mA					

六、实验报告要求

1. 根据各实验数据，分别在方格纸上绘制出光滑的伏安特性曲线。（其中，二极管和稳压管的正、反向特性均要求画在同一张图中，正、反向电压可取为不同的比例尺。）

2. 根据实验结果，总结、归纳被测各元件的特性。

3. 进行必要的误差分析。

实验二　基尔霍夫定律和叠加原理的验证

一、实验目的

1. 验证基尔霍夫定律的正确性，加深对基尔霍夫定律的理解。

2. 验证线性电路叠加原理的正确性，加深对线性电路的叠加性和齐次性的认识和理解。

3. 学会用电流插头、插孔测量各支路电流。

二、实验仪器与器件

1. 可调直流稳压电源；

2. 万用表；

3. 直流数字电压表；

4. 直流数字毫安表；

5. 叠加原理和基尔霍夫定律实验电路板。

三、实验原理

基尔霍夫定律是电路的基本定律之一。

基尔霍夫电流定律（KCL）：电路中任一结点，在任一瞬间，流入结点的电流总和等于流出该结点的电流总和，即对电路中的任一个结点而言，应有 $\sum I = 0$。

基尔霍夫电压定律（KVL）：在任一瞬间，沿闭合回路绕行一周，在绕行方向上的电位升之和必等于电位降之和，即对任何一个闭合回路而言，应有 $\sum U = 0$。

叠加原理：在有多个电源共同作用的线性电路中，任一支路中的电流（或电压）等于各个电源分别单独作用时在该支路中产生的电流（或电压）的代数和。

线性电路的齐次性：当激励信号（某独立源的值）增加或减小 K 倍时，电路的响应（即在电路中各电阻元件上所建立的电流和电压值）也将增加或减小

K 倍。

运用上述定律时必须注意各支路或闭合回路中电流的正方向,此方向可预先任意设定。

四、预习要求

实验前要预习此实验并能解决以下问题:

1. 根据图 1.2.1 的电路参数,计算出待测的电流 I_1、I_2、I_3 和各电阻上的电压值,并将数值记入表中,以便在实际测量时,选择量程合适的毫安表和电压表。

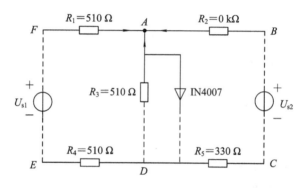

图 1.2.1　基尔霍夫定律和叠加原理实验电路

2. 在实验过程中,若用指针式万用表直流毫安挡测各支路电流,在什么情况下可能出现指针反偏,应如何处理? 在记录数据时应注意什么? 若用直流数字毫安表进行测量,则会有什么显示呢?

3. 在叠加原理实验中,要令 U_1、U_2 分别单独作用,应如何操作? 可否直接将不作用的电源(U_1 或 U_2)短接置零?

4. 实验电路中,若将一个电阻器改为二极管,试问:叠加原理的叠加性与齐次性还成立吗? 为什么?

五、实验内容及步骤

1. 基尔霍夫定律的验证。

实验电路如图 1.2.1 所示,实验前先设定 3 条支路电流的正方向和 3 条闭合回路的绕行方向。

8

（1）分别将两路直流稳压电源接入电路，令 $U_1 = 12\text{ V}$，$U_2 = 6\text{ V}$。

（2）熟悉电流插头的结构，如图 1.2.2 所示。将电流插头的两端接至数字毫安表的"＋"、"－"两端。

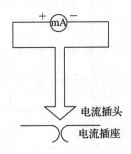

图 1.2.2 电流插头结构图

（3）将电流插头分别插入 3 条支路的 3 个电流插座中，测出电流值，填入表 1.2.1 中。

（4）用直流数字电压表分别测量两路电源及电阻元件上的电压值，填入表 1.2.1 中。

表 1.2.1 验证基尔霍夫定律实验数据及计算值

被测量物理量	I_1/mA	I_2/mA	I_3/mA	U_1/V	U_2/V	U_{FA}/V	U_{AB}/V	U_{AD}/V	U_{CD}/V	U_{DE}/V
计算值										
测量值										
相对误差										

2. 叠加原理的验证。实验电路如图 1.2.1 所示。

（1）将两路直流稳压电源的输出分别调节为 12 V 和 6 V，接入 U_1 和 U_2 处。

（2）U_1 电源单独作用（将开关 S_1 掷向 U_1 侧，开关 S_2 掷向短路侧），用直流数字电压表和毫安表（接电流插头）测量各支路电流及各电阻元件两端的电压，将数据填入表 1.2.2 中。

（3）U_2 电源单独作用（将开关 S_1 掷向短路侧，开关 S_2 掷向 U_2 侧），重复实验步骤 2 中（2）的测量，将数据填入表 1.2.2 中。

表 1.2.2　验证叠加原理实验数据及计算值

实验内容 ＼ 测量项目	I_1/mA	I_2/mA	I_3/mA	U_{AB}/V	U_{CD}/V	U_{AD}/V	U_{DE}/V	U_{FA}/V
U_1 单独作用								
U_2 单独作用								
U_1、U_2 共同作用								
U_1 单独作用 ＋U_2 单独作用								
$2U_2$ 单独作用								

（4）U_1 和 U_2 共同作用（开关 S_1 和 S_2 分别掷向 U_1 和 U_2 侧），重复实验步骤 2 中（2）的测量，将数据填入表 1.2.2 中。

（5）将 U_2 的数值调至＋12 V，重复实验步骤 2 中（3）的测量，将数据填入表 1.2.2 中。

（6）将 R_5（330 Ω）换成二极管 1N4007（即将开关 S_3 掷向二极管 1N4007 侧），重复上述步骤（1）～（5）的测量，将数据填入表 1.2.3。

表 1.2.3　验证叠加原理实验数据及计算值

实验内容 ＼ 测量项目	I_1/mA	I_2/mA	I_3/mA	U_{AB}/V	U_{CD}/V	U_{AD}/V	U_{DE}/V	U_{FA}/V
U_1 单独作用								
U_2 单独作用								
U_1、U_2 共同作用								
U_1 单独作用 ＋U_2 单独作用								
$2U_2$ 单独作用								

六、实验报告要求

1. 根据实验数据，选定结点 A，验证 KCL 的正确性。

2. 根据实验数据，选定实验电路中的任一个闭合回路，验证 KVL 的正确性。

3. 根据实验数据，进行分析、比较，归纳、总结实验结论，即验证线性电路的叠加性与齐次性。

4. 各电阻器所消耗的功率能否用叠加原理计算得出？试用上述实验数据进行计算并作结论。

5. 通过实验步骤 2 中(6)及表 1.2.3 中数据的分析，给出结论。

6. 分析误差产生的原因。

实验三　电压源与电流源的等效变换

一、实验目的

1. 加深对电压源、电流源概念的理解。
2. 掌握电源外特性的测试方法。
3. 验证电压源与电流源等效变换的条件。

二、实验仪器与器件

1. 可调直流稳压电源；
2. 可调直流恒流源；
3. 直流数字电压表；
4. 直流数字毫安表；
5. 万用表；
6. 电阻器；
7. 可调电阻箱。

三、实验原理

1. 电压源。

电压源是实际电源的一种模型。在电压源模型中往往用一个不含内阻的理想电压源和电阻 R_0 串联来等效一实际电源。实际电源的电压源模型如图 1.3.1(a)所示，其伏安特性为 $U = U_S - R_0 I$，其特性曲线如图 1.3.1(b)所示，

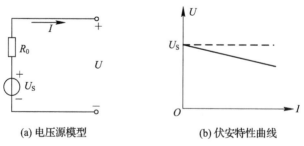

(a) 电压源模型　　　　　　　　(b) 伏安特性曲线

图 1.3.1　实际电压源

随着电流 I 的增大，U 减小，是一条始于 U_s 向下倾斜的直线。所谓的理想电压源，是指在直流电路中它的端电压总能保持某一恒定值，而与通过它的电流无关。理想电压源的一般电路符号与外特性曲线如图 1.3.2 所示。

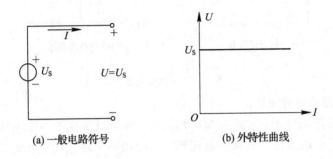

(a) 一般电路符号　　　　　　(b) 外特性曲线

图 1.3.2　理想电压源

2. 电流源。

电流源也是实际电源的一种模型。在电流源模型中，通常用一个理想电流源和电阻 R'_0 并联来等效一实际电源。实际电源的电流源模型如图 1.3.3(a) 所示，其伏安特性为 $I = I_s - \dfrac{U}{R'_0}$，其特性曲线如图 1.3.3(b) 所示。

理想电流源输出的电流是恒定的，简称恒流源，其端电压取决于外电路的情况。理想电流源的一般电路符号与外特性曲线如图 1.3.4 所示。

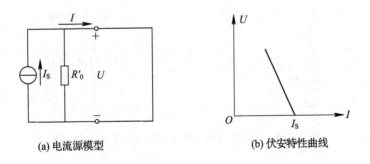

(a) 电流源模型　　　　　　(b) 伏安特性曲线

图 1.3.3　实际电流源

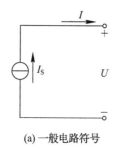

(a) 一般电路符号

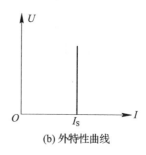

(b) 外特性曲线

图 1.3.4　理想电流源

3. 电源的等效变换。

一个实际的电源，对其外部特性而言，既可以看成是一个电压源，又可以看成是一个电流源。若视为电压源，则可用一个理想的电压源 U_S 与一个电阻 R_0 相串联的组合来表示；若视为电流源，则可用一个理想电流源 I_S 与一电阻 R_0' 相并联的组合来表示。如果这两种电源能向同样大小的负载提供同样大小的电流和端电压，则称这两个电源是等效的，即具有相同的外特性。电压源模型与电流源模型等效变换的条件为

$$R_0' = R_0$$

$$I_S = \frac{U_S}{R_0}$$

图 1.3.5 为其等效变换电路。从图中可以看出，它可以很方便地把一个参数为 U_S 和 R_0 的电压源模型变换为一个参数为 I_S 和 R_0' 的等效电流源模型。

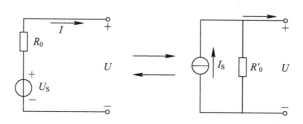

图 1.3.5　电压源模型与电流源模型的等效变换电路

四、预习要求

实验前要预习此实验并能解决以下问题：

1. 通常直流稳压电源的输出端不允许短路,直流恒流源的输出端不允许开路,为什么?

2. 电压源与电流源的外特性为什么呈下降变化趋势?稳压源和恒流源的输出在任何负载下是否保持恒值?

五、实验内容及步骤

1. 测定理想电压源与实际电压源的外特性。

(1) 按图 1.3.6 接线。U_S 为 +12 V 直流稳压电源(将 R_0 短接)。调节 R_L,令其阻值由小至大变化,观察电流表读数的变化,将结果填入表 1.3.1 中。

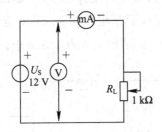

图 1.3.6 理想电压源外特性测试电路

(2) 按图 1.3.7 接线,虚线框可模拟一个实际的电压源。调节 R_L,令其阻值由小至大变化,观察电流表读数的变化,将结果填入表 1.3.1 中。

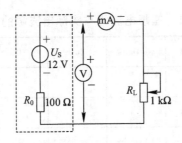

图 1.3.7 实际电压源外特性测试电路

15

表 1.3.1　理想电压源与实际电压源的外特性

	R_L/Ω	200	300	510	1 k	2 k
理想电压源	U/V					
	I/mA					
实际电压源	U/V					
	I/mA					

2. 测定电流源的外特性。

按图 1.3.8 接线，I_S 为直流恒流源，调节其输出为 10 mA，令 R'_0 分别为 100 Ω 和 ∞（即接入和断开），调节电位器 R_L（从 0 至 1 kΩ），测出这两种情况下电压表和电流表的读数，将结果填入表 1.3.2 中。

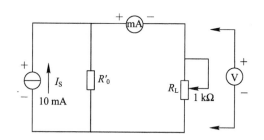

图 1.3.8　理想电流源和实际电流源外特性测试电路

表 1.3.2　理想电流源与实际电流源的外特性

	R_L/Ω	0	200	300	510	1 k
理想电流源	U/V					
	I/mA					
实际电流源	U/V					
	I/mA					

3. 测定电源等效变换的条件。

先按图 1.3.9(a)的线路接线,记录线路中两表的读数。然后利用图 1.3.9(a)中右侧的元件和仪表,按图 1.3.9(b)的线路接线。调节恒流源的输出电流 I_S,使两表的读数与图 1.3.9(a)中的数值相等,再记录 I_S 之值,验证等效变换条件的正确性。

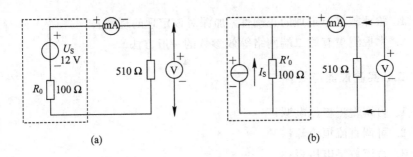

(a)   (b)

图 1.3.9 电源等效变换电路

六、实验报告要求

1. 根据实验数据绘出电源的 4 条外特性曲线,并总结、归纳各类电源的特性。

2. 从实验结果来验证电源等效变换的条件。

实验四　戴维宁定理的验证

一、实验目的

1. 验证戴维宁定理的正确性，加深对该定理的理解。
2. 掌握测量有源二端网络等效参数的一般方法。

二、实验仪器与器件

1. 可调直流稳压电源；
2. 可调直流恒流源；
3. 直流数字电压表；
4. 直流数字毫安表；
5. 万用表；
6. 可调电阻箱；
7. 电位器；
8. 戴维宁定理实验电路板。

三、实验原理

1. 任何一个线性含源网络，如果仅研究其中一条支路的电压和电流，则可将电路的其余部分看做是一个有源二端网络（或称为含源一端口网络）。

戴维宁定理又称为等效电压源定理，内容为：任何一个线性有源二端网络，总可以用一个理想电压源与一个电阻的串联来等效，此电压源的电动势 U_S 等于该有源二端网络的开路电压 U_{OC}，其等效内阻 R_0 等于该网络中所有独立源均置零（理想电压源视为短接，理想电流源视为开路）时的等效电阻。$U_{OC}(U_S)$ 和 R_0 称为有源二端网络的等效参数。

2. 有源二端网络等效参数的测量方法：

（1）等效电阻 R_0 的测试方法：

① 开路电压、短路电流法。在有源二端网络输出端开路时，用电压表直接测其输出端的开路电压 U_{OC}，然后再将其输出端短路，用电流表测其短路电流 I_{SC}，则等效内阻为

18

$$R_0 = \frac{U_{OC}}{I_{SC}}$$

如果二端网络的内阻很小，若将其输出端口短路，则易损坏其内部元件，因此不宜采用此法。

② 输入法。外加电压 U_0，测其端电流 I，按 $R_0 = \frac{U_0}{I}$ 计算，用这种方法时，应先将有源二端网络的独立源除去，若不能除去电源，或者网络不允许外加电源，则不能采用此法。

③ 测量开路电压 U_{OC} 及有载电压 U_L 法。测出有源二端网络的开路电压 U_{OC} 后，在端口处接一负载电阻 R_L，然后再测出负载电阻的端电压 U_L，按 $R_0 = \left(\frac{U_{OC}}{U_L} - 1 \right) R_L$ 计算出等效内阻。若 R_L 采用一个精密电阻，则此法精度也会较高。

这种方法适用面广，例如可用于测量放大器的输出电阻。

(2) 开路电压 U_{OC} 的测试方法：

① 直接测量法：把外电路断开，选万用表电压挡测其两端电压值，即为开路电压。

在测量具有高内阻有源二端网络的开路电压时，用电压表直接测量会造成较大的误差。为了消除电压表内阻的影响，往往采用零示测量法，如图 1.4.1 所示。

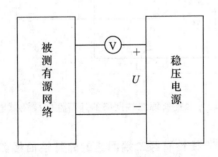

图 1.4.1 零示测量法测开路电压 U_{OC}

② 零示测量法：原理是用一低内阻的稳压电源与被测有源二端网络进行比较，当稳压电源的输出电压与有源二端网络的开路电压相等时，电压表的读数为"0"。然后再将电路断开，测量此时稳压电源的输出电压，即为被

测有源二端网络的开路电压。

四、预习要求

实验前要预习此实验，并能解决以下问题：

1. 在求戴维宁等效电路时，作短路试验，测 I_{sc} 的条件是什么？在本实验中可否直接作负载短路实验？请实验前对如图 1.4.2 线路预先作好计算，以便调整实验线路，并在测量时可准确地选取电表的量程。

2. 说明测量有源二端网络开路电压及等效内阻的几种方法，并比较其优缺点。

五、实验内容及步骤

1. 测定线性有源二端网络的外特性曲线。

按图 1.4.2 接线。改变 R_L 阻值，测量对应的电流值和电压值，将所测数据填入表 1.4.1 中。

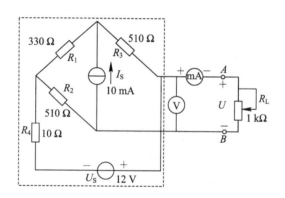

图 1.4.2 线性有源二端网络的外特性曲线测试电路图

表 1.4.1 线性有源二端网络的外特性曲线测试数据

R_L/Ω	100	200	300	510	680	1 k	2 k	3 k
U/V								
I/mA								

2. 用开路电压、短路电流法测定戴维宁等效电路的 U_{OC}、R_0。

在图 1.4.2 中,不接入 R_L,测出 U_{OC} 和 I_{SC} 的值,并计算出 R_0(注:当测 U_{OC} 时,不接入毫安表)。将测得的数据填入表 1.4.2 中。

表 1.4.2 开路电压、短路电流测定数据

U_{OC}/V	I_{SC}/mA	$R_0/\Omega = U_{OC}/I_{SC}$

3. 验证戴维宁定理。

从电阻箱上取得按步骤"2"所得的等效电阻 R_0 之值,然后令其与直流稳压电源(调到步骤"2"所测得的开路电压 U_{OC} 之值)相串联,如图 1.4.3 所示,仿照上述步骤 1 测其外特性,将测得的数据填入表 1.4.3 中。

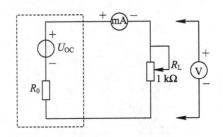

图 1.4.3 戴维宁等效电路

表 1.4.3 戴维宁等效电路测试数据

R_L/Ω	100	200	300	510	680	1 k	2 k	3 k
U/V								
I/mA								

4. 有源二端网络等效电阻(又称入端电阻)的直接测量法。

如图 1.4.2 所示,将被测有源网络内的所有独立源置"零"(去掉电流源 I_S 和电压源 U_S,并在原电压源所接的两点用一根短路导线相连),然后直接用万用表的欧姆挡去测定负载 R_L 开路时 A、B 两点间的电阻,此即为被测网络的等效内阻 R_0,或称网络的入端电阻 R_i。

21

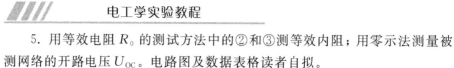

5. 用等效电阻 R_0 的测试方法中的②和③测等效内阻；用零示法测量被测网络的开路电压 U_{OC}。电路图及数据表格读者自拟。

六、实验报告要求

1. 根据步骤 1、3 的测量数据分别绘出曲线，验证戴维宁定理的正确性，并分析产生误差的原因。

2. 根据实验步骤 2、4、5 的几种测量方法测得的 U_{OC} 和 R_0 与预习时计算的结果作比较，你能得出什么结论？

3. 归纳、总结实验结果。

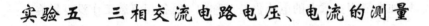

实验五 三相交流电路电压、电流的测量

一、实验目的

1. 掌握三相负载作星形连接、三角形连接的方法，验证这两种接法下线电压、相电压及线电流、相电流之间的关系。

2. 充分理解三相四线制供电系统中中线的作用。

二、实验仪器与器件

1. 交流电压表；

2. 交流电流表；

3. 万用表；

4. 三相自耦调压器；

5. 三相灯组负载；

6. 电门插座。

三、实验原理

1. 三相负载可接成星形（又称 Y 连接）或三角形（又称△连接）。当三相对称负载作 Y 连接时，线电压 U_L 是相电压 U_P 的 $\sqrt{3}$ 倍，线电流 I_L 等于相电流 I_p。即

$$U_L = \sqrt{3}U_P, \quad I_L = I_P$$

在这种情况下，流过中线的电流 $I_0 = 0$，所以可以省去中线。

当对称三相负载作△连接时，有 $I_L = \sqrt{3}I_P$，$U_L = U_P$。

2. 不对称三相负载作 Y 连接时，必须采用三相四线制接法，即 Y_0 接法。而且中线必须牢固连接，以保证三相不对称负载的每相电压维持对称不变。倘若中线断开，则会导致三相负载电压的不对称，致使负载轻的那一相的相电压过高，使负载遭受损坏；负载重的一相相电压又过低，使负载不能正常工作。尤其是对于三相照明负载，一律采用 Y_0 接法。

3. 当不对称负载作△接法时，$I_L \neq \sqrt{3}\,I_P$，但只要电源的线电压 U_L 对称，则加在三相负载上的电压仍是对称的，对各相负载工作没有影响。

四、预习要求

实验前要预习此实验，并能解决以下问题：

1. 三相负载根据什么条件作星形或三角形连接？

2. 试分析三相星形连接不对称负载在无中线情况下，当某相负载开路或短路时会出现什么情况？如果接上中线，情况又会如何？

3. 在本次实验中，为什么要通过三相调压器将 380 V 的市电线电压降为 220 V 的线电压使用？

五、实验内容及步骤

1. 三相负载星形连接(三相四线制供电)。

按图 1.5.1 线路组接实验电路，即三相灯组负载经三相自耦调压器接通三相对称电源。将三相调压器的旋柄置于输出为 0 V 的位置(即逆时针旋到底)。经指导教师检查合格后，方可开启实验台电源，然后调节调压器的输出，使输出的三相线电压为 220 V，并按下述内容完成各项实验，分别测量三相负载的线电压、相电压、线电流、相电流、中线电流、电源与负载中点间的电压。将所测得的数据记入表 1.5.1 中，并观察各相灯组亮暗的变化程度，特别要注意观察中线在实验过程所起到的作用。

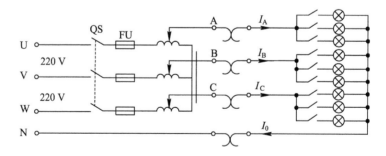

图 1.5.1　三相负载星形连接

表 1.5.1 三相负载星形连接测量数据

实验内容 \ 测量数据 \ 负载情况		Y_0 接对称负载	Y 接对称负载	Y_0 接不对称负载	Y 接不对称负载	Y_0 接 B 相断开	Y 接 B 相断开	Y 接 B 相短路
开灯盏数	A 相	3	3	1	1	1	1	1
	B 相	3	3	2	2	—	—	—
	C 相	3	3	3	3	3	3	3
线电流/A	I_A							
	I_B							
	I_C							
线电压/V	u_{AB}							
	u_{BC}							
	u_{CA}							
相电压/V	u_{A0}							
	u_{B0}							
	u_{C0}							
中线电流 I_0/A								
中点电压 U_{N0}/V								

2. 负载三角形连接(三相三线制供电)。

按图 1.5.2 改接线路,经指导教师检查合格后接通三相电源,并调节调压器,使其输出线电压为 220 V,并按表 1.5.2 的内容进行测试,将测得的数据填入表 1.5.2 中。

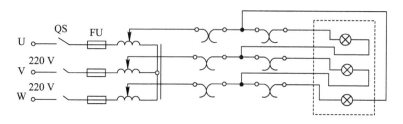

图 1.5.2　负载三角形连接

表 1.5.2　负载三角形连接数据

实验内容 测量数据 负载情况	开灯盏数			线电压=相电压/V			线电流/A			相电流/A		
	A-B相	B-C相	C-A相	U_{AB}	U_{BC}	U_{CA}	I_A	I_B	I_C	I_{AB}	I_{BC}	I_{CA}
三相对称	3	3	3									
三相不对称	1	2	3									

六、实验报告要求

1. 用实验测得的数据验证对称三相电路中的 $\sqrt{3}$ 关系。

2. 用实验数据和观察到的现象,总结三相四线供电系统中中线的作用。

3. 不对称三角形连接的负载,能否正常工作?实验是否能证明这一点?

4. 根据不对称负载三角形连接时的相电流值作相量图,并求出线电流值,然后与实验测得的线电流作比较,分析之。

实验六 三相电路功率的测量

一、实验目的

1. 掌握用一瓦特表法、二瓦特表法测量三相电路有功功率与无功功率的方法。

2. 进一步熟练掌握功率表的接线和使用方法。

二、实验仪器与器件

1. 交流电压表；

2. 交流电流表；

3. 单相功率表；

4. 万用表；

5. 三相自耦调压器；

6. 三相灯组负载；

7. 电门插座；

8. 三相电容负载：1 μF/500 V，2.2 μF/500 V，4.7 μF/ 500 V。

三、实验原理

1. 对于三相四线制供电的三相星形连接的负载（即 Y_0 接法），可用一只功率表测量各相的有功功率 P_A、P_B、P_C，则三相负载的总有功功率 $\sum P = P_A + P_B + P_C$。这就是一瓦特表法，如图 1.6.1 所示。若三相负载是对称的，则只需测量一相的功率，再乘以 3 即得三相总的有功功率。

2. 三相三线制供电系统中，不论三相负载是否对称，也不论负载是 Y 接法还是△接法，都可用二瓦特表法测量三相负载的总有功功率，测量线路如图 1.6.2 所示。若负载为感性或容性，且当相位差 $\varphi > 60°$ 时，线路中的一只功率表指针将反偏（数字式功率表将出现负读数），这时应将功率表电流线圈的两个端子调换（不能调换电压线圈端子），其读数应记为负值。而三相总

27

功率 $\sum P = P_1 + P_2$（P_1、P_2 本身不含任何意义）。

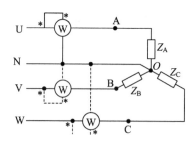

图 1.6.1　一瓦特表法测量三相负载的有功功率

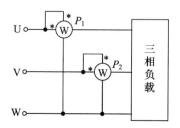

图 1.6.2　二瓦特表法测量三相负载的有功功率

除图 1.6.2 所示的 I_A、U_{AC} 与 I_B、U_{BC} 接法外，还有 I_B、U_{AB} 与 I_C、U_{AC} 以及 I_A、U_{AB} 与 I_C、U_{BC} 两种接法。

3. 对于三相三线制供电的三相对称负载，可用一瓦特表法测得三相负载的总无功功率 Q，测试原理线路如图 1.6.3 所示。

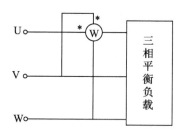

图 1.6.3　一瓦特表法测三相负载的总无功功率

图示功率表读数的 $\sqrt{3}$ 倍，即为对称三相电路总的无功功率。除了此图给

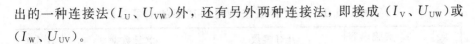

出的一种连接法 $(I_U$、$U_{VW})$ 外，还有另外两种连接法，即接成 $(I_V$、$U_{UW})$ 或 $(I_W$、$U_{UV})$。

四、预习要求

实验前要预习此实验，并能解决以下问题：

1. 复习二瓦特表法测量三相电路有功功率的原理。

2. 复习一瓦特表法测量三相对称负载无功功率的原理。

3. 在测量功率时，为什么线路中通常都接有电流表和电压表？

五、实验内容及步骤

1. 采用一瓦特表法测定三相对称 Y_0 接以及不对称 Y_0 接负载的总功率 $\sum P$。

实验按图 1.6.4 线路接线。线路中的电流表和电压表用以监视该相的电流和电压，不要超过功率表电压和电流的量程。经指导教师检查后，接通三相电源，调节调压器输出，使输出线电压为 220 V，按表 1.6.1 的要求进行测量及计算。

首先将 3 只表按图 1.6.4 接入 B 相进行测量，然后分别将 3 只表换接到 A 相和 C 相，再进行测量。最后将测量的数据填入表 1.6.1 中。

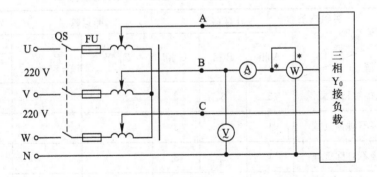

图 1.6.4　一功率表法测量三相负载的有功功率

表 1.6.1　一瓦特表法测电路功率的测量数据

测量数据 / 负载情况 \ 实验内容	开灯盏数			测量数据			计算值
	A 相	B 相	C 相	P_A/W	P_B/W	P_C/W	$\sum P$/W
Y_0 接对称负载	3	3	3				
Y_0 接不对称负载	1	2	3				

2. 采用二瓦特表法测定三相负载的总功率。

(1) 按图 1.6.5 接线，将三相灯组负载接成 Y 形接法。

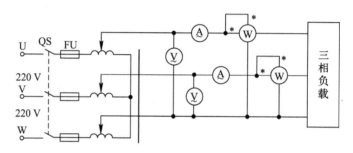

图 1.6.5　二瓦特表法测量三相负载的有功功率

经指导教师检查后，接通三相电源，调节调压器的输出线电压为 220 V，按表 1.6.2 的内容进行测量，将测量的数据填入表中。

表 1.6.2　二瓦特表法测电路功率的测量数据

测量数据 / 负载情况 \ 实验内容	开灯盏数			测量数据		计算值
	A 相	B 相	C 相	P_1/W	P_2/W	$\sum P$/W
Y 接对称负载	3	3	3			
Y 接不对称负载	1	2	3			
△接不对称负载	1	2	3			
△接对称负载	3	3	3			

(2) 将三相灯组负载改成△接法，重复上述(1)的测量步骤，数据记入表 1.6.2 中。

（3）将两只瓦特表依次按另外两种接法接入线路，重复上述步骤（1）、（2）的测量（表格自拟）。

3. 用一瓦特表法测定三相对称星形负载的无功功率，按图1.6.6所示的电路接线。

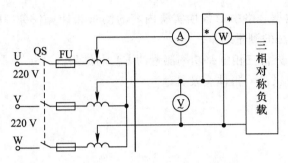

图 1.6.6　一瓦特表法测三相对称负载的无功功率

（1）每相负载由白炽灯和电容器并联而成，并由开关控制其接入。检查接线无误后，接通三相电源，将调压器的输出线电压调到 220 V，读取三表的读数，并计算无功功率 $\sum Q$，将读数和计算值记入表 1.6.3 中。

表 1.6.3　一瓦特表法测定三相对称星形负载的无功功率的测量数据

接法	负载情况	测量值			计算值
		U/V	I/A	Q/Var	$\sum Q=\sqrt{3}Q$/Var
I_U, U_{VW}	（1）三相对称灯组（每相开3盏）				
	（2）三相对称电容器（每相4.7 μF）				
	（3）（1）、（2）的并联负载				
I_V, U_{VW}	（1）三相对称灯组（每相开3盏）				
	（2）三相对称电容器（每相4.7 μF）				
	（3）（1）、（2）的并联负载				
I_W, U_{VW}	（1）三相对称灯组（每相开3盏）				
	（2）三相对称电容器（每相4.7 μF）				
	（3）（1）、（2）的并联负载				

（2）分别按 I_V、U_{UW} 和 I_W、U_{UV} 接法，重复上述步骤（1）的测量，并比较各自的 ΣQ 值。

六、实验报告要求

1. 完成数据表格中的各项实验内容的测量和计算任务。比较一瓦特表法和二瓦特表法的测量结果。

2. 总结、分析三相电路功率测量的方法与结果。

3. 简述自己的心得体会及其他。

实验七 正弦稳态交流电路相量的研究

一、实验目的

1. 研究正弦稳态交流电路中电压、电流相量之间的关系。
2. 掌握日光灯线路的连接。
3. 理解改善电路功率因数的意义并掌握其方法。

二、实验仪器与器件

1. 交流电压表；
2. 交流电流表；
3. 功率表；
4. 自耦调压器；
5. 镇流器、启辉器；
6. 日光灯灯管；
7. 电容器；
8. 白炽灯及灯座；
9. 电流插座。

三、实验原理

1. 在单相正弦交流电路中，用交流电流表测得各支路的电流值，用交流电压表测得回路各元件两端的电压值，它们之间的关系满足相量形式的基尔霍夫定律，即 $\sum I = 0$ 和 $\sum U = 0$。

2. 如图 1.7.1 所示的 RC 串联电路，在正弦稳态信号 U 的激励下，U_R 与

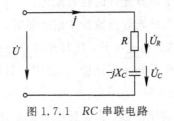

图 1.7.1 RC 串联电路

33

U_C 保持有 90°的相位差，即当 R 阻值改变时，U_R 的相量轨迹是一个半圆。U、U_C 与 U_R 三者形成一个直角形的电压三角形，如图 1.7.2 所示。R 值改变时，可改变 φ 角的大小，从而达到移相的目的。

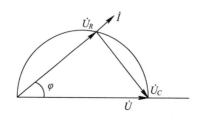

图 1.7.2　电压三角形

3. 日光灯线路如图 1.7.3 所示，图中 A 是日光灯管，L 是镇流器，S 是启辉器，C 是补偿电容器，用以改善电路的功率因数（$\cos\varphi$ 值）。有关日光灯的工作原理请自行查阅有关资料。

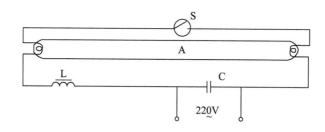

图 1.7.3　日光灯线路图

四、预习要求

实验前要认真预习，并能解决以下问题：

1. 参阅课外资料，了解日光灯的启辉原理。

2. 在日常生活中，当日光灯上缺少了启辉器时，人们常用一根导线将启辉器的两端短接一下，然后迅速断开，使日光灯点亮（DG09 实验挂箱上有短接按钮，可用它代替启辉器做一下试验），或用一只启辉器去点亮多只同类型的日光灯，这是为什么？

3. 为了改善电路的功率因数，常在感性负载上并联电容器，此时增加了一条电流支路,试问电路的总电流是增大还是减小,此时感性元件上的电流和功率是否改变?

4. 提高线路功率因数为什么只采用并联电容器法,而不用串联法?所并联的电容器是否越大越好?

五、实验内容及步骤

1. 按图 1.7.1 接线。R 为 220 V、15 W 的白炽灯泡,电容器为 4.7 μF/450 V。经指导教师检查后,接通实验台电源,将自耦调压器输出(即 U)调至 220 V。记录 U、U_R、U_C 值,填入表 1.7.1 中,验证电压三角形关系。

表 1.7.1 验证电压三角形数据

测　　量　　值			计　　算　　值		
$U(V)$	$U_R(V)$	$U_C(V)$	U'(与 U_R、U_C 组成 Rt△) ($U' = \sqrt{U_R^2 + U_C^2}$)	$\Delta U = U' - U/V$	$\Delta U/U/\%$

2. 日光灯线路接线与测量。

按图 1.7.4 接线。经指导教师检查后接通实验台电源,调节自耦调压器的输出,使其输出电压缓慢增大,直到日光灯刚启辉点亮为止,记下三表的指示值。然后将电压调至 220 V,测量功率 P、电流 I、电压 U、U_L、U_A 等值,将其值填入表 1.7.2 中,并验证电压、电流相量关系。

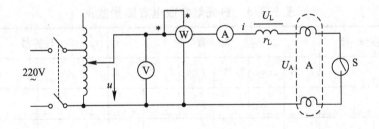

图 1.7.4 日光灯电路图

表 1.7.2 验证电压、电流相量关系的测量值

测量数据 状态 \ 实验内容	测 量 数 值						计 算 值	
	P/W	$\cos\varphi$	I/A	U/V	U_L/V	U_A/V	r/Ω	$\cos\varphi$
启辉值								
正常工作值								

3. 并联电路——电路功率因数的改善。按图 1.7.5 组成实验线路。

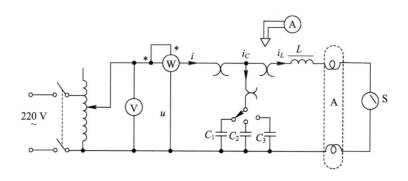

图 1.7.5 日光灯并联电容电路

经指导老师检查后，接通实验台电源，将自耦调压器的输出调至 220 V，记录功率表、电压表读数。通过一只电流表和三个电流插座分别测得三条支路的电流，改变电容值，进行三次重复测量。将测量数据记入表 1.7.3 中。

表 1.7.3 日光灯并联电容测量数据

电容值/μF	测 量 数 值						计 算 值	
0	P/W	$\cos\varphi$	U/V	I/A	I_L/A	I_c/A	I'/A	$\cos\varphi$
1								
2.2								
4.7								

六、实验报告要求

1. 完成表 1.7.3 中的计算，并进行必要的误差分析。

2. 根据实验数据分别绘出电压、电流相量图，验证相量形式的基尔霍夫定律。

3. 讨论改善电路功率因数的意义和方法。

实验八　三相鼠笼式异步电动机的使用

一、实验目的

1. 熟悉三相鼠笼式异步电动机的结构和额定值。
2. 学习检验异步电动机绝缘情况的方法。
3. 学习三相异步电动机定子绕组首、末端的判别方法。
4. 掌握三相鼠笼式异步电动机的启动和反转方法。

二、实验仪器与器件

1. 三相交流电源；
2. 三相鼠笼式异步电动机；
3. 兆欧表；
4. 交流电压表；
5. 交流电流表；
6. 万用电表。

三、实验原理

1. 三相鼠笼式异步电动机的结构。

异步电动机是基于电磁原理把交流电能转换为机械能的一种旋转电机。三相鼠笼式异步电动机的基本结构有定子和转子两大部分。

定子主要由定子铁心、三相对称定子绕组和机座等组成，是电动机的静止部分。三相定子绕组一般有 6 根引出线，出线端装在机座外面的接线盒内，如图 1.8.1 所示，根据三相电源电压的不同，三相定子绕组可以接成星形(Y)或三角形(△)，然后与三相交流电源相连。

转子主要由转子铁心、转轴、鼠笼式转子绕组、风扇等组成，是电动机的旋转部分。小容量鼠笼式异步电动机的转子绕组大都采用铝浇铸而成，冷却方式一般都采用扇冷式。

2. 三相鼠笼式异步电动机的铭牌。

三相鼠笼式异步电动机的额定值标记在电动机的铭牌上，如下表所示为

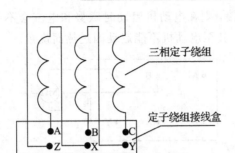

图 1.8.1　三相鼠笼式异步电动机定子绕组

本实验装置三相鼠笼式异步电动机铭牌。

型号：DJ24	电压：380V/220V	接法：Y/△
功率：180W	电流：1.13A/0.65A	转速：1400 转/分
定额：连续		

其中：

(1) 功率：额定运行情况下，电动机轴上输出的机械功率。

(2) 电压：额定运行情况下，定子三相绕组应加的电源线电压值。

(3) 接法：定子三相绕组接法，当额定电压为 380V/220V 时，应为 Y/△接法。

(4) 电流：额定运行情况下，当电动机输出额定功率时，定子电路的线电流值。

3. 三相鼠笼式异步电动机的检查。

电动机使用前应作以下必要的检查：

(1) 机械检查。检查引出线是否齐全、牢靠；转子转动是否灵活、匀称，是否有异常声响等。

(2) 电气检查：

① 用兆欧表检查电机绕组间及绕组与机壳之间的绝缘性能。电动机的绕组间绝缘电阻可以用兆欧表进行测量，测量方法如图 1.8.2 所示。电动机的绕组与机壳间绝缘电阻也可以用兆欧表进行测量，测量方法如图 1.8.3 所示。对额定电压 1 kV 以下的电动机，其绝缘电阻值最低不得小于 1000 Ω/V，一般 500 V 以下的中小型电动机最低应具有 2 MΩ 的绝缘电阻。

② 定子绕组首、末端的判别。异步电动机三相定子绕组的 6 个出线端中，有 3 个首端和 3 个末端。

一般，首端标以 A、B、C，末端标以 X、Y、Z，在接线时如果没有按照首、末端的标记来接，则在电动机启动时磁势和电流会不平衡，引起绕组发热、振动、有噪音，甚至电动机不能启动因过热而烧毁。

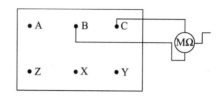

图 1.8.2　电动机绕组间绝缘电阻的测量

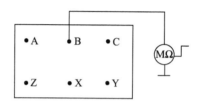

图 1.8.3　电动机绕组与机壳间绝缘电阻的测量

　　由于某种原因定子绕组 6 个出线端标记无法辨认，可以通过实验方法来判别其首、末端(即同名端)。方法如下：

　　用万用电表欧姆挡从 6 个出线端确定哪一对引出线是属于同一相的，分别找出三相绕组，并标以符号，如 A、X；B、Y；C、Z。将其中的任意两相绕组串联，如图 1.8.4 所示。将控制屏三相自耦调压器手柄置零位，开启电源总开关，按下启动按钮，接通三相交流电源。调节调压器输出，在相串联的两相绕组出线端施以单相低电压 $U = 80 \sim 100$ V，测出第三相绕组的电压，如测得的电压值有一定读数，表示两相绕组的末端与首端相联，如图 1.8.4(a)所示。反之，如测得的电压近似为零，则两相绕组的末端与末端(或

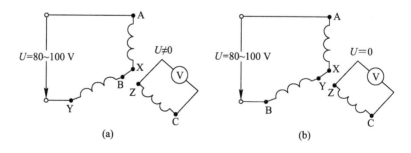

图 1.8.4　定子绕组首、末端的判别

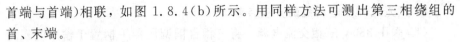

首端与首端)相联,如图 1.8.4(b)所示。用同样方法可测出第三相绕组的
首、末端。

4. 三相鼠笼式异步电动机的启动。

鼠笼式异步电动机的直接启动电流可达额定电流的 4～7 倍,但持续时间很短,不致引起电机过热而烧坏。但对容量较大的电机,过大的启动电流会导致电网电压的下降而影响其他的负载正常运行,故通常采用降压启动,最常用的是 Y-△换接启动,它可使启动电流减小到直接启动的 1/3。其使用的条件是正常运行必须作△接法。

5. 三相鼠笼式异步电动机的反转。

异步电动机的旋转方向取决于三相电源接入定子绕组时的相序,故只要改变三相电源与定子绕组连接的相序即可使电动机改变旋转方向。

四、预习要求

实验前要预习此实验,并能解决以下问题:

1. 如何判断异步电动机的 6 个引出线?如何连接成 Y 形或△形?根据什么来确定该电动机作 Y 接或△接?

2. 缺相是三相电动机运行中的一大故障,在启动或运转时发生缺相,会出现什么现象?有何后果?

3. 当电动机转子被卡住不能转动时,如果定子绕组接通三相电源将会发生什么后果?

五、实验内容及步骤

1. 抄录三相鼠笼式异步电动机的铭牌数据,并观察其结构。

2. 用万用电表判别定子绕组的首、末端。

3. 用兆欧表测量电动机的绝缘电阻,将测量值记入表 1.8.1 中。

表 1.8.1　用兆欧表测量电动机绝缘电阻的数据

各相绕组之间的绝缘电阻/MΩ		绕组对地(机座)之间的绝缘电阻/MΩ	
A 相与 B 相		A 相与地(机座)	
A 相与 C 相		B 相与地(机座)	
B 相与 C 相		C 相与地(机座)	

4. 鼠笼式异步电动机的直接启动。

（1）采用 380V 三相交流电源。将三相自耦调压器手柄置于输出电压为"零"位置，控制屏上三相电压表切换开关置"调压输出"侧；根据电动机的容量选择交流电流表合适的量程。

开启控制屏上三相电源总开关，按"启动"按钮，此时自耦调压器原绕组端 U_1、V_1、W_1 得电，调节调压器输出使 U、V、W 端输出线电压为 380 V，3 只电压表指示应基本平衡。保持自耦调压器手柄位置不变，按"停止"按钮，自耦调压器断电。

① 按图 1.8.5 电路图接线，电动机三相定子绕组接成 Y 接法，供电线电压为 380 V。在实验线路中，Q_1 及 FU 由控制屏上的接触器 KM 和熔断器 FU 代替，学生可由 U、V、W 端子开始接线。以后各控制实验均同此。

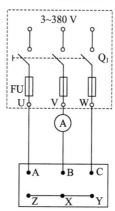

图 1.8.5 电动机的 Y 接法

② 按控制屏上的"启动"按钮，电动机直接启动，观察启动瞬间电流冲击情况及电动机旋转方向，记录启动电流。当启动运行稳定后，将电流表量程切换至较小量程挡位上，记录空载电流。

③ 电动机稳定运行后，突然拆除 U、V、W 中的任一相电源(注意小心操作，以免触电)，观测电动机作单相运行时电流表的读数并记录之。再仔细倾听电机的运行声音有何变化。（可由指导教师作示范操作）

④ 电动机启动之前先断开 U、V、W 中的任一相，作缺相启动，观测电流表读数，记录之，观察电动机是否启动，再仔细倾听电动机是否发出异常的声响。

⑤ 实验完毕，按控制屏上的"停止"按钮，切断实验线路三相电源。

（2）采用 220 V 三相交流电源。调节调压器输出，使输出线电压为 220 V，电动机定子绕组接成△接法。按图 1.8.6 接线，重复(1)中各项内容，记录之。

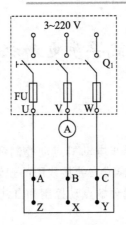

图 1.8.6　电动机的△接法

5．异步电动机的反转。

异步电动机的反转电路如图 1.8.7 所示，按控制屏上的"启动"按钮，启动电动机，观察启动电流及电动机旋转方向是否反转。

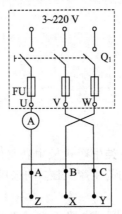

图 1.8.7　电动机的反转

实验完毕，将自耦调压器调回零位，按控制屏上的"停止"按钮，切断实验线路三相电源。

六、实验报告要求

1．总结三相鼠笼式异步电动机绝缘性能检查的结果，判断该电机是否完好可用？

2．对三相鼠笼式异步电动机的启动、反转及各种故障情况进行分析。

实验九　三相鼠笼式异步电动机的点动和自锁控制

一、实验目的

1. 通过对三相鼠笼式异步电动机点动控制和自锁控制线路的实际安装接线,掌握由电气原理图变换成安装接线图的知识。

2. 通过实验进一步加深理解点动控制和自锁控制的特点。

二、实验仪器与器件

1. 三相交流电源;

2. 三相鼠笼式异步电动机;

3. 交流接触器;

4. 按钮;

5. 热继电器;

6. 交流电压表;

7. 万用电表。

三、实验原理

1. 继电—接触控制在各类生产机械中获得广泛应用,凡是需要进行前后、上下、左右、进退等运动的生产机械,均采用传统的、典型的正、反转继电—接触控制。

交流电动机继电—接触控制电路的主要设备是交流接触器,其主要构造为:

(1)电磁系统——铁心、吸引线圈和短路环。

(2)触头系统——主触头和辅助触头,还可按吸引线圈得电前后触头的动作状态,分动合(常开)、动断(常闭)两类。

(3)消弧系统——在切断大电流的触头上装有灭弧罩,以迅速切断电弧。

(4)接线端子,反作用弹簧等。

2. 在控制回路中,常采用接触器的辅助触头来实现自锁和互锁控制。

（1）要求接触器线圈得电后能自动保持动作后的状态，即自锁，通常用接触器自身的动合触头与启动按钮相并联来实现，以达到电动机的长期运行，这一动合触头称为"自锁触头"。

（2）使两个电器不能同时得电动作的控制，称为互锁控制，如为了避免正、反转两个接触器同时得电而造成三相电源短路事故，必须增设互锁控制环节。

为了操作方便，也为了防止因接触器主触头长期大电流的烧蚀而偶发触头粘连后造成的三相电源短路事故，通常在具有正、反转控制的线路中，采用既有接触器的动断辅助触头的电气互锁，又有复合按钮机械互锁的双重互锁的控制环节。

3. 控制按钮通常用以短时通、断小电流的控制回路，以实现近、远距离控制电动机等执行部件的启、停或正、反转控制。按钮是专供人工操作使用的。对于复合按钮，其触点的动作规律是：当按下时，其动断触头先断，动合触头后合；当松手时，则动合触头先断，动断触头后合。

4. 在电动机运行过程中，应对可能出现的故障进行保护。

（1）采用熔断器作短路保护，当电动机或电器发生短路时，及时熔断熔体，达到保护线路和保护电源的目的。熔体熔断时间与流过的电流关系称为熔断器的保护特性，这是选择熔体的主要依据。

（2）采用热继电器实现过载保护，使电动机免受长期过载之危害。其主要的技术指标是整定电流值，即电流超过此值的 20％ 时，其动断触头应能在一定时间内断开，切断控制回路，动作后只能由人工进行复位。

5. 在电气控制线路中，最常见的故障发生在接触器上。接触器线圈的电压等级通常有 220 V 和 380 V 等，使用时必须认清，切勿疏忽。否则，电压过高易烧坏线圈，电压过低，吸力不够，不易吸合或吸合频繁，这不但会产生很大的噪声，也会因磁路气隙增大，致使电流过大，易烧坏线圈。此外，在接触器铁心的部分端面嵌装有短路铜环，其作用是为了使铁心吸合牢靠，消除颤动与噪声，若发现短路环脱落或断裂现象，接触器将会产生很大的振动与噪声。

四、预习要求

实验前要预习此实验，并能解决以下问题：

1. 试比较点动控制线路与自锁控制线路，从结构上看主要区别是什么？从功能上看主要区别是什么？

2. 自锁控制线路在长期工作后可能会出现失去自锁作用,试分析产生这种现象的原因是什么?

3. 交流接触器线圈的额定电压为 220 V,若误接到 380 V 电源上会产生什么后果? 反之,若接触器线圈电压为 380 V,而电源线电压为 220 V,其结果又会如何?

4. 在主回路中,熔断器和热继电器热元件可否少用一只或两只? 熔断器和热继电器两者可否只采用其中一种就起到短路保护和过载保护作用? 为什么?

五、实验内容及步骤

认识各电器的结构、图形符号、接线方法;抄录电动机及各电器铭牌数据;用万用电表 Ω 挡检查各电器线圈、触头是否完好。

接成△接法,实验线路电源端接三相自耦调压器输出端 U、V、W,供电线电压为 220 V。

1. 点动控制。

按图 1.9.1 点动控制线路进行安装接线。接线时,先接主电路,即从 220 V 三相交流电源的输出端 U、V、W 开始,经接触器 KM 的主触头,热继电器 FR 的热元件到电动机 M 的三个线端 A、B、C,用导线按顺序串联起来。主

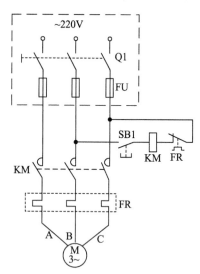

图 1.9.1　三相鼠笼式异步电动机的点动控制电路

电路连接完整无误后，再连接控制电路，即从 220 V 三相交流电源某输出端（如 V）开始，经过常开按钮 SB1、接触器 KM 的线圈、热继电器 FR 的常闭触头到三相交流电源另一输出端（如 W）。显然，这是对接触器 KM 线圈供电的电路。

注意：接好线路，经指导教师检查后，方可进行通电操作。

（1）开启控制屏电源总开关，按"启动"按钮，调节调压器输出，使输出线电压为 220 V。

（2）按"启动"按钮 SB1，对电动机 M 进行点动操作，比较按下 SB1 与松开 SB1 电动机和接触器的运行情况。

（3）实验完毕，按控制屏"停止"按钮，切断实验线路三相交流电源。

2．自锁控制电路。

按图 1.9.2 所示自锁线路进行接线，它与图 1.9.1 的不同点在于控制电路中多串联一只常闭按钮 SB2，同时在 SB1 上并联一只接触器 KM 的常开触头，它起自锁作用。

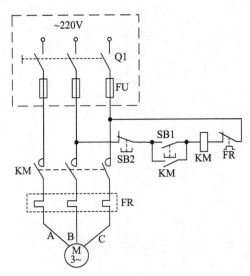

图 1.9.2　三相鼠笼式异步电动机的自锁控制

注意：接好线路经指导教师检查后，方可进行通电操作。

（1）按控制屏"启动"按钮，接通 220 V 三相交流电源。

（2）按"启动"按钮 SB1，松手后观察电动机 M 是否继续运转。

（3）按"停止"按钮 SB2，松手后观察电动机 M 是否停止运转。

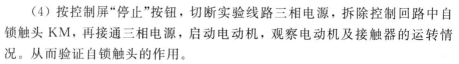

（4）按控制屏"停止"按钮，切断实验线路三相电源，拆除控制回路中自锁触头 KM，再接通三相电源，启动电动机，观察电动机及接触器的运转情况。从而验证自锁触头的作用。

实验完毕，将自耦调压器调回零位，按控制屏"停止"按钮，切断实验线路的三相交流电源。

六、实验报告要求

1. 试比较点动控制线路与自锁控制线路，从结构上看主要区别是什么？从功能上看主要区别是什么？

2. 交流接触器线圈的额定电压为 220 V，若误接到 380 V 电源上会产生什么后果？反之，若接触器线圈电压为 380 V，而电源线电压为 220 V，其结果又如何？

实验十　受控源的实验研究

一、实验目的

通过测试受控源的外特性及其转移参数，进一步理解受控源的物理概念，加深对受控源的认识和理解。

二、实验仪器与器件

1. 可调直流稳压源；
2. 可调恒流源；
3. 直流数字电压表；
4. 直流数字毫安表；
5. 可变电阻箱；
6. 受控源实验电路板。

三、实验原理

1. 电源有独立电源（如电池、发电机等）与非独立电源（或称为受控源）之分。

受控源与独立源的区别是：独立源的电势 E_s 或电激流 I_s 是某一固定的数值或是时间的某一函数，它不随电路其余部分状态的改变而变化。而受控源的电势或电激流则是随电路中另一支路的电压或电流的变化而变化的。

受控源又与无源元件不同，无源元件两端的电压和它自身的电流有一定的函数关系，而受控源的输出电压或电流则和另一支路（或元件）的电流或电压有某种函数关系。

2. 独立源与无源元件是二端器件，受控源则是四端器件，或称为双口元件。它有一对输入端（U_1、I_1）和一对输出端（U_2、I_2）。输入端可以控制输出端电压或电流的大小。施加于输入端的控制量可以是电压或电流，因而有两种受控电压源（即电压控制电压源 VCVS 和电流控制电压源 CCVS）和两种受控电流源(即电压控制电流源 VCCS 和电流控制电流源 CCCS)。它们的示意图如图 1.10.1 所示。

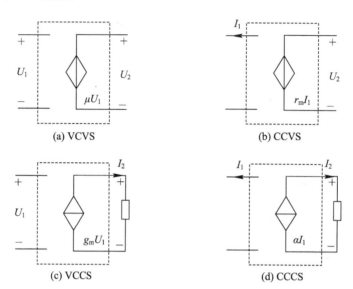

图 1.10.1　受控源的电路模型图

3. 当受控源的输出电压(或电流)与控制支路的电压(或电流)成正比变化时,则称该受控源是线性的。

理想受控源的控制支路中只有一个独立变量(电压或电流),另一个独立变量等于零,即从输入口看,理想受控源或者是短路(即输入电阻 $R_1=0$,因而 $U_1=0$),或者是开路(即输入电导 $G_1=0$,因而输入电流 $I_1=0$);从输出口看,理想受控源或是一个理想电压源,或者是一个理想电流源。

4. 受控源的控制端与受控端的关系式称为转移函数。

四种受控源的转移函数参量的定义如下:

(1) 压控电压源(VCVS):$U_2=f(U_1)$,$\mu=\dfrac{U_2}{U_1}$称为转移电压比(或电压增益)。

(2) 压控电流源(VCCS):$I_2=f(U_1)$,$g_m=\dfrac{I_2}{U_1}$称为转移电导。

(3) 流控电压源(CCVS):$U_2=f(I_1)$,$r_m=\dfrac{U_2}{I_1}$称为转移电阻。

(4) 流控电流源(CCCS):$I_2=f(I_1)$,$\alpha=\dfrac{I_2}{I_1}$称为转移电流比(或电流

增益）。

四、预习要求

实验前要预习此实验并能解决以下问题：

1. 受控源和独立源相比有何异同点？比较四种受控源的代号、电路模型、控制量与被控量的关系如何？

2. 四种受控源中的 r_m、g_m、α 和 μ 的意义是什么？如何测得？

3. 若受控源控制量的极性反向，试问其输出极性是否发生变化？

4. 受控源的控制特性是否适合于交流信号？

5. 如何由两个基本的 CCVS 和 VCCS 获得其他两个 CCCS 和 VCVS？它们的输入、输出如何连接？

五、实验内容及步骤

1. 测量受控源 VCVS 的转移特性 $U_2 = f(U_1)$ 及负载特性 $U_2 = f(I_L)$，实验线路如图 1.10.2 所示。

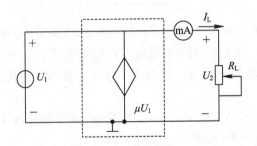

图 1.10.2　测量 VCVS 的转移特性及负载特性电路

（1）不接电流表，固定 $R_L = 2\,\text{k}\Omega$，调节稳压电源输出电压 U_1，测量 U_1 及相应的 U_2 值，将数据记入表 1.10.1 中。

表 1.10.1　VCVS 的转移特性

U_1/V	0	1	3	5	7	8	9	μ
U_2/V								

在方格纸上绘出电压转移特性曲线 $U_2 = f(U_1)$，并在其线性部分求出转移电压比 μ 值。

（2）接入电流表，保持 $U_1 = 2$ V，调节 R_L 可变电阻箱的阻值，测 U_2 及 I_L，数据填入表 1.10.2 中，绘制负载特性曲线 $U_2 = f(I_L)$。

表 1.10.2　VCVS 的负载特性

R_L/Ω	50	70	100	200	300	400	500	∞
U_2/V								
I_L/mA								

2. 测量受控源 VCCS 的转移特性 $I_L = f(U_1)$ 及负载特性 $I_L = f(U_2)$，实验线路如图 1.10.3 所示。

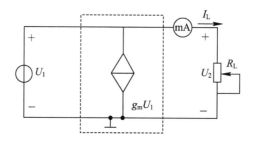

图 1.10.3　测量 VCCS 的转移特性及负载特性电路

（1）固定 $R_L = 2$ kΩ，调节稳压电源的输出电压 U_1，测出相应的 I_L 值，将测量数据填入表 1.10.3 中，绘制 $I_L = f(U_1)$ 曲线，并由其线性部分求出转移电导 g_m。

（2）保持 $U_1 = 2$ V，令 R_L 从大到小变化，测出相应的 I_L 及 U_2，将测量数据填入表 1.10.4 中，绘制 $I_L = f(U_2)$ 曲线。

表 1.10.3　VCCS 转移特性测量数据

U_1/V	0.1	0.5	1.0	2.0	3.0	3.5	3.7	4.0	g_m
I_L/mA									

表 1.10.4　VCCS 负载特性测量数据

$R_L/k\Omega$	5	4	2	1	0.5	0.4	0.3	0.2	0.1	0
I_L/mA										
U_2/V										

3. 测量受控源 CCVS 的转移特性 $U_2 = f(I_1)$ 与负载特性 $U_2 = f(I_L)$，实验线路如图 1.10.4 所示。

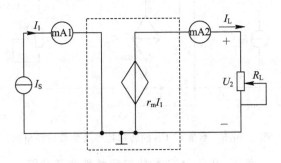

图 1.10.4　测量 CCVS 的转移特性及负载特性电路

（1）固定 $R_L = 2\ \mathrm{k\Omega}$，调节恒流源的输出电流 I_S，按表 1.10.5 所列 $I_1 = I_S$ 值，测出 U_2 值，绘制 $U_2 = f(I_1)$ 曲线，并由其线性部分求出转移电阻 r_m。

表 1.10.5　CCVS 的转移特性测量数据

I_1/mA	0.1	1.0	3.0	5.0	7.0	8.0	9.0	9.5	r_m/Ω
U_2/V									

（2）保持 $I_S = 2\ \mathrm{mA}$，按表 1.10.6 所列 R_L 值，测出 U_2 及 I_L 值，绘制负载特性曲线 $U_2 = f(I_L)$。

表 1.10.6　CCVS 的负载特性测量数据

$R_L/\mathrm{k\Omega}$	0.5	1	2	4	6	8	10
U_2/V							
I_L/mA							

4. 测量受控源 CCCS 的转移特性 $I_L = f(I_1)$ 及负载特性 $I_L = f(U_2)$，实验线路如图 1.10.5 所示。

（1）参见上述步骤 3（1）测出 I_L，数据填入表 1.10.7 中，绘制 $I_L = f(I_1)$ 曲线，并由其线性部分求出转移电流比 α 的值。

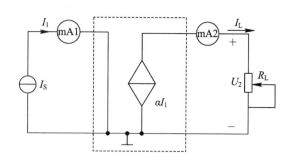

图 1.10.5 测量 CCCS 的转移特性及负载特性电路

表 1.10.7 CCCS 的转移特性测量数据

I_1/mA	0.1	0.2	0.5	1	1.5	2	2.2	α
I_L/mA								

（2）保持 $I_s = 1$ mA，令 R_L 为表 1.10.8 所列值，测出 I_L，并绘制 $I_L = f(U_2)$ 曲线。

表 1.10.8 CCCS 负载特性测量数据

$R_L/\mathrm{k\Omega}$	0	0.	0.4	0.6	0.8	1	2	5	10	20
I_L/mA										
U_2/V										

六、实验报告要求

1. 根据实验数据，在方格纸上分别绘出四种受控源的转移特性和负载特性曲线，并求出相应的转移参量。

2. 对实验结果作出合理的分析和总结。

第二章 模拟电路实验

模拟电路实验是学习电子技术的一个重要环节，对巩固和加深课堂教学内容，提高学生实际工作技能，培养科学的工作作风，以及对后续课程的学习和从事实践性技术工作具有重要的作用。

模拟电路实验要求：

1. 使用仪器和实验箱前必须了解其性能、操作方法及注意事项，在使用时应严格遵守。

2. 实验前必须充分预习，认真阅读本实验教程，分析、掌握实验电路的工作原理，熟悉实验任务。

3. 实验中，接线要认真，仔细检查，确定无误后才能接通电源，初学者或没有把握者应经指导教师审查同意后再接通电源。

4. 实验时应注意观察，若发现有异常现象（例如，有元件冒烟、发烫或有异味）应立即关断电源，保持现场，并报告指导教师。然后找出原因、排除故障，再继续实验。

5. 实验过程中需要改接线时，应关断电源后再拆、接线。

6. 实验过程中应仔细观察实验现象，认真记录实验结果（数据、波形、现象）。所记录的实验结果经指导教师审阅签字后，才可拆除实验线路。

7. 实验结束后，必须关断电源，并将仪器、工具、导线等按规定整理并放好。

8. 实验完毕后，每个同学都必须按要求独立完成实验报告。

实验一 常用电子仪器的使用

一、实验目的

1. 学习并掌握模拟电路实验箱的组成、主要技术指标和使用方法。

2. 学习并掌握函数信号发生器波形、频率、幅值的调节,面板上各旋钮的作用及使用方法。

3. 学习并掌握使用双踪示波器观察、测量波形的基本方法。

4. 学习并掌握晶体管毫伏表的使用方法。

5. 学习并掌握数字万用表的使用方法。

二、实验仪器与器件

1. 模拟电路实验箱;

2. 函数信号发生器;

3. 双踪示波器;

4. 晶体管毫伏表;

5. 数字万用表。

三、实验仪器简介

实验所用仪器及主要参考技术指标如下:

1. 模拟电路实验箱。

本书中所有实验均可在 TPE - A4 或者 TPE - A5 型模拟电路实验箱上完成。

TPE - A4、TPE - A5 模拟电路实验箱面板如图 2.1.1 所示。

模拟电路实验箱由电源开关、直流电压源、交流电压源、信号源、可调电位器、扩展区等组成。

TPE - A5 实验箱还有二极管、三极管、电阻、电感、电容、稳压管等元件区。

扩展实验区可配扩展板:

面板 1:分立电路板。面板 1 可做单管共射放大、射极跟随电路、两级阻容耦合、负反馈放大等实验电路,如图 2.1.2 所示。

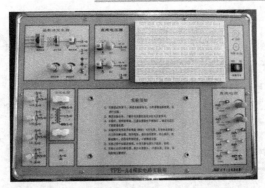

(a) TPE-A4 实验箱

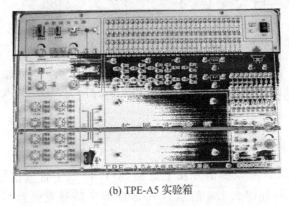

(b) TPE-A5 实验箱

图 2.1.1　TPE-A4、TPE-A5 模拟电路实验箱

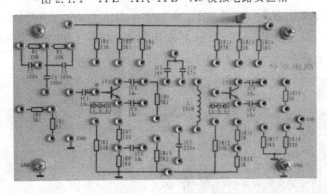

图 2.1.2　扩展区面板 1

　　面板 2：差分放大电路实验板。

　　面板 3：集成运放电路板。面板 3 可做比例求和、积分微分、RC 振荡、电压比较器等实验电路，如图 2.1.3 所示。

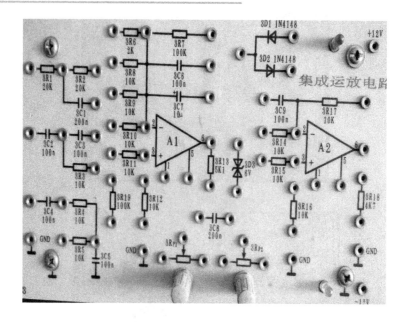

图 2.1.3　扩展区面板 3

2. 数字信号发生器。

AFG－2225 任意波形信号发生器和 SG1020 数字合成信号发生器都是数字信号发生器(如图 2.1.4 所示)，一般的数字信号发生器可输出正弦波、三角波、方波、脉冲波等基本波形，输出频率可从 $1~\mu Hz \sim 25~MHz$(不同仪器频率、幅度输出范围可能不同)，输出信号幅度为 $10V \pm 10\%$(50Ω 负载)，$20V \pm 10\%$($1M\Omega$ 负载)，TTL 脉冲输出为标准 TTL 幅度。信号输出的频率、幅值均有数字显示。

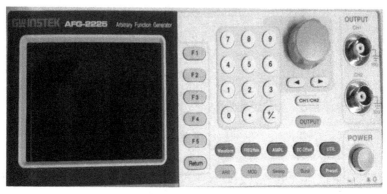

(a) AFG-2225 任意波形信号发生器

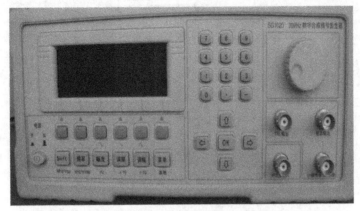

(b) SG1020 数字合成信号发生器

图 2.1.4 数字信号发生器

　　数字信号发生器由电源开关，频率调节和频率选择开关，频率指示、输出电压指示 P－P(峰-峰值)显示屏，幅度调节、波形选择、信号输出按钮等组成。

　　使用数字信号发生器必须学会选择波形、频率和幅度。

　　3. 示波器。

　　常用的示波器有数字存储示波器和模拟示波器，外形如图 2.1.5 所示。其中，双踪示波器可同时观察两路输入信号。

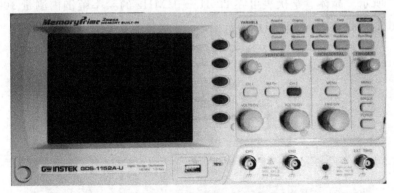

(a) GDS-1000A-U 数字存储示波器

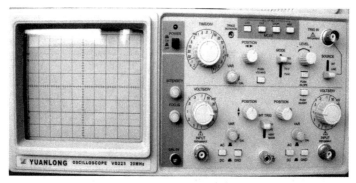

(b) VD225 模拟双踪示波器

图 2.1.5 常用示波器外形图

示波器包括由电源开关、显示屏、辉度、聚焦、CH1 通道、CH2 通道、CH1 幅度调节、CH2 幅度调节、垂直移位、频率调节、水平移位、输出模式选择、触发源和触发模式选择等功能。为了使用方便，数字存储示波器还有自动设置（Autoset）和自动测量（Measure）功能。

使用示波器，必须学会调整波形的频率（周期）、幅度，使输入的波形能完整地在屏幕上显示出来。

4. 交流毫伏表。

交流毫伏表是一种专门用来测量正弦交流电压有效值的交流电压表。实验室常用的有数字显示式的数字毫伏表和指针显示式的晶体管毫伏表，如图 2.1.6 所示。晶体管毫伏表可在 20 Hz～1 MHz 的频率范围内测量 100 μV ～300 V 的交流电压，测量电压范围广，灵敏度高。

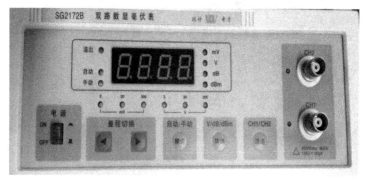

(a) SG2172B 双路数显毫伏表

(b) SG2171 交流毫伏表

图 2.1.6　常用交流毫伏表

SG2172B 双路数显毫伏表由电源开关、显示窗口、量程切换、自动/手动模式转换、伏/分贝转换、CH1/CH2 输入通道转换、CH1/CH2 输入端口等组成。

SG2171 交流毫伏表由电源开关、零点调节、显示窗口、量程旋钮(开机前调到最大)、输入端口、输出端口等组成。

5. 数字万用表。

数字万用表可用于测量交流电压、直流电压、交流电流、直流电流、电阻、电容以及检查二极管和三极管等。常用数字万用表外形如图 2.1.7 所示。

数字万用表由电源开关,液晶显示器,保持开关 H(按下,数据保持不变),旋钮开关(改变测量功能及量程),公共地 COM,V,Ω、电容正极插座,mA 电流测试插座,10A(20A)电流测试插座,三极管插孔等组成。

四、预习要求

1. 认真阅读所用仪器的使用说明,详细了解上述电子仪器面板上旋钮的功能和使用方法。

(a) VC890D 数字万用表　　　　　　　(b) AT9025 数字万用表

图 2.1.7　数字万用表

2. 熟悉实验内容，自拟数据记录表格。

五、实验内容及步骤

1. 熟悉各种实验仪器的使用方法，用万用表测试实验箱上的电阻、电容、直流电源的数值，并与标称值相比较，对元件的误差有初步认识。用万用表测试实验箱上的二极管、三极管的结电压，并判别其极性及好坏。将测量数据填入自拟的表格中。

2. 用信号发生器输出一频率为 1 kHz、幅度(峰峰值)为 1.4 V 的正弦波信号，用交流毫伏表进行测试，记录其交流有效值；用示波器观察该信号的波形，并记录示波器上的频率、峰-峰值等数据。将测量数据填入自拟的表格中。

六、实验报告要求

1. 写出各种实验仪器的主要功能。

2. 整理实验数据，填入自拟的表格中。

实验二　单管共射交流放大电路

一、实验目的

1. 进一步熟悉并掌握各种实验仪器的使用方法，熟悉电子元器件。
2. 掌握放大电路静态工作点的调试方法及其对放大电路性能的影响。
3. 学习测量放大电路 Q 点、A_μ、r_i、r_o 的方法，了解共射放大电路的特性。
4. 研究电路参数对共射放大电路动态性能的影响。

二、实验仪器与器件

1. 模拟电路实验箱；
2. 函数信号发生器；
3. 双踪示波器；
4. 晶体管毫伏表；
5. 数字万用表。

三、实验原理

单管共射放大电路如图 2.2.1 所示。该电路为电阻分压式静态工作点稳

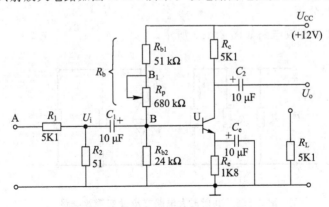

图 2.2.1　单管共射放大电路

定电路。R_1、R_2 为分压衰减电路，通过 R_P 来调整静态工作点。（注：图中"5K1"即为 5.1 kΩ，1K5 即为 1.5 kΩ，图中所标为实验箱实验板上标识。全书同。）

1. 静态分析。

理论值：

$$V_B = \frac{R_{b2}}{R_b + R_{b2}} U_{CC}$$

$$I_{EQ} = \frac{U_B - U_{BEQ}}{R_e} \approx I_{CQ}$$

$$I_{BQ} = \frac{I_{EQ}}{1 + \beta}$$

$$U_{CEQ} = U_{CC} - I_{CQ}(R_c + R_e)$$

实测计算：

$$I_B = \frac{U_{CC} - U_B}{R_b} - \frac{U_B}{R_{b2}}$$

$$I_C = \frac{U_{CC} - U_c}{R_c}$$

$$\beta = \frac{I_C}{I_B}$$

为方便起见，计算 I_B 时经常测出 B_1 处的电压值来计算

$$I_B = \frac{U_{CC} - U_{B1}}{R_{b1}} - \frac{U_B}{R_{b2}}$$

2. 动态分析。

交流微变等效电路如图 2.2.2 所示。

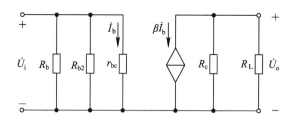

图 2.2.2　共射放大电路交流微变等效电路

（1）电压放大倍数：

估算：

$$A_U = -\beta \frac{R_c \mathbin{/\!/} R_L}{r_{be}}$$

其中：

$$r_{be} \approx 200 + (1+\beta)\frac{26 \text{ mV}}{I_E}$$

实测计算：

$$A_U = \frac{U_O}{U_I}$$

（2）输入电阻。输入电阻指的是放大电路的输入电阻，不包括 R_1、R_2。

理论值：

$$r_i = R_b \mathbin{/\!/} R_{b2} \mathbin{/\!/} r_{be}$$

测量：在输入端串接一个 5.1 kΩ 的电阻，如图 2.2.3 所示，测量 U_s 与 U_i，即可计算出 r_i 的大小。

$$r_i = \frac{U_i}{U_s - U_i} \cdot R$$

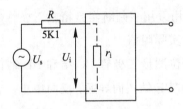

图 2.2.3　输入电阻测量电路

（3）输出电阻。

理论值：

$$r_o = R_c$$

测量：如图 2.2.4 所示，在放大电路正常工作条件下，测出输出端不接负载 R_L 的输出电压 U_O 和接入负载后的输出电压 U_L，即可间接地求出输出电阻 r_o 的大小。

$$r_o = \left(\frac{U_o}{U_L} - 1\right) R_L$$

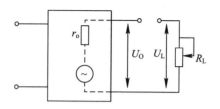

图 2.2.4　输出电阻测量电路

四、预习要求

1. 熟悉单管放大电路的工作原理。

2. 熟悉放大电路静态和动态工作点的测量方法。

五、实验内容及步骤

1. 按图连接电路并进行测量。

如三极管为 3DG6，放大倍数 β 一般是 25～55；如三极管为 9013，一般 β 在 150 以上。

（1）连接电路前先用万用表判断实验箱上三极管的极性和好坏，并测量电源电压以及各电阻的实际阻值。

用测量二极管的挡位测量三极管 BC 结和 BE 结正反向电压，可以判断三极管的好坏；BC 结和 BE 结正向导通，反向截止。导通电压 $U_{BE} \approx 0.7$ V，$U_{BC} \approx 0.7$ V。

用测量电阻的挡位测量导线的好坏。若测得电阻 ≈ 0，则说明导线是导通的；若测得电阻无穷大，则说明导线是断开的。

（2）按图 2.2.1 所示连接电路。注意：要关断电源后再连线。

2. 静态测量与调整。

接线完毕后仔细检查，确定无误后再接通电源。使 $U_i = 0$ V（接地），调整 R_P 使 $U_C = 6.4$ V 左右，测出各点电压值，再计算 I_B、I_C 和 β 的值并填入表 2.2.1 中。

表 2.2.1 静态测量

实 测 值				实测计算值		
U_B/V	U_{B1}/V	U_C/V	U_E/V	$I_B/\mu A$	I_C/mA	β

3. 动态研究。

(1) 负载开路,将信号发生器的输出信号调整为 $f=1$ kHz,幅值为 500 mV(峰峰值)的正弦波,接至放大电路的 A 点,经过 R_1、R_2 衰减(100 倍),在 U_i 点得到 5 mV(峰-峰值)的小信号,用双踪示波器观察 U_i(用 CH1 通道,U_i 信号太小,不易观察,可以观察 A 点波形)和 U_o(用 CH2 通道)端波形,并比较相位,输入波形和输出波形两者反相,相差 $180°$。

做放大器实验时,一定要检查输出波形是否正确,如发现波形失真甚至变成方波,应检查工作点设置是否正确,或输入信号是否过大。

图 2.2.1 所示电路中,R_1、R_2 为分压衰减电路,除 R_1、R_2 以外的电路均为放大电路。之所以采取这种结构,是由于一般信号源在输出信号小到几毫伏时,会不可避免地受到电源纹波的影响而出现失真,但大信号时电源纹波几乎无影响,所以采取大信号加 R_1、R_2 衰减形式。

(2) 负载开路,信号源波形、频率不变,逐渐加大信号源幅度,观察 U_o 不失真时的最大值,并将数据填入表 2.2.2 中。

表 2.2.2 负载开路 $R_L=\infty$

测量数据 状态 实验内容	实测值		实测计算值
	U_i/mV	U_o/V	A_U
不失真			
失真			
最大不失真			

（3）保持 $U_i = 5\ \text{mV}$ 不变，在改变 R_c、R_L 数值情况下测量输出电压 U_o 和输入电压 U_i，并将测量后的计算结果填入表 2.2.3 中。

表 2.2.3　测量输出电压

给定参数		实测值		实测计算值	估算值
R_c/Ω	R_L/Ω	U_i/mV	U_o/V	A_U	A_U
5.1 k	∞				
5.1 k	5.1 k				
5.1 k	2.2 k				
2 k	5.1 k				
2 k	2.2 k				

4. 测量放大电路输出电阻、输入电阻。

（1）测量输出电阻：（可以直接用表 2.2.3 里的测量数据）。

按图 2.2.4 连接电路，测出输出端不接负载 R_L 的输出电压 U_o 和接入负载后的输出电压 U_L，则

$$r_o = \left(\frac{U_o}{U_L} - 1 \right) R_L$$

（2）测量输入电阻：

按图 2.2.3 连接电路（注意：要断开 R_2 地之间的连接），用交流毫伏表分别测出 U_S 和 U_i，则

$$r_i = \frac{U_i}{U_S - U_i} \cdot R$$

将上述测量数据及计算结果填入表 2.2.4 中。

表 2.2.4　放大电路输出电阻、输入电阻

测量计算输出电阻				测量计算输入电阻（设：$R_S = 5.1\ \text{k}\Omega$）			
实测值		测算值	估算值	实测值		测算值	估算值
$U_o(R_L=\infty)$	$U_o(R_L=5.1\ \text{k}\Omega)$	$r_o/\text{k}\Omega$	$r_o/\text{k}\Omega$	U_S/mV	U_i/mV	r_i	r_i

六、实验报告要求

1. 列表整理测量结果，计算出理论值，把实测计算的静态工作点、电压放大倍数、输入电阻、输出电阻之值与理论值相比较，分析产生误差的原因。

2. 总结 R_c、R_L 及静态工作点对放大器电压放大倍数、输入电阻、输出电阻的影响。

3. 讨论静态工作点变化对放大器输出波形的影响。

4. 分析讨论在调试过程中出现的问题。

实验三　负反馈放大电路

一、实验目的

1. 研究负反馈对放大电路性能的影响。
2. 掌握负反馈放大电路性能的测试方法。

二、实验仪器及器件

1. 模拟电路实验箱；
2. 函数信号发生器；
3. 双踪示波器；
4. 晶体管毫伏表；
5. 数字万用表。

三、实验原理

如图 2.3.1 所示电路为电压串联负反馈放大电路。（注：图中，1V1 表示第一个三极管 V_1，1V2 表示第二个三极管 V_2。）

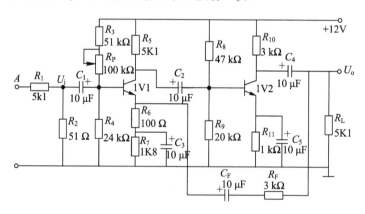

图 2.3.1　电压串联负反馈放大电路

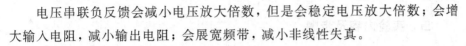

电压串联负反馈会减小电压放大倍数，但是会稳定电压放大倍数；会增大输入电阻，减小输出电阻；会展宽频带，减小非线性失真。

相关公式如下：

$$A_{Uf} = \frac{A_U}{1 + A_U F}$$

$$\frac{dA_{Uf}}{A_{Uf}} = \frac{1}{1 + A_U F} \frac{dA_U}{A_U}$$

$$f_{Hf} = (1 + A_U F) f_H$$

$$f_{Lf} = \frac{f_L}{1 + A_U F}$$

式中：A_f 为闭环电压放大倍数；A 为开环电压放大倍数；F 为反馈系数；f_{Hf} 为闭环时的上限截止频率，f_H 为开环时的上限截止频率；f_{Lf} 为闭环时的下限截止频率，f_L 为开环时的下限截止频率。

$$R_{if} = (1 + A_U F) R_i$$

$$R_{of} = \frac{R_o}{1 + A_U F}$$

式中：R_{if} 为闭环输入电阻；R_i 为开环输入电阻；R_{of} 为闭环输出电阻；R_o 为开环输出电阻。

分析图 2.3.1，与两级放大电路相比，增加了 R_6，R_6 引入电压串联交直流负反馈，从而加大了输入电阻，减小了电压放大倍数。R_6 与 R_F、C_F 形成了负反馈回路，反馈系数 F 和电压放大倍数 A_U 分别为

$$F = \frac{U_f}{U_o} \approx \frac{R_6}{R_6 + R_f} = \frac{1}{31} = 0.323$$

$$A_U \approx \frac{1}{F} = 31$$

四、预习要求

1. 认真阅读实验内容，估计待测量内容的变化趋势。

2. 设图 2.3.1 电路晶体管 β 值为 40，计算该放大电路开环和闭环电压放大倍数。

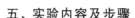

五、实验内容及步骤

1. 测量并计算负反馈放大电路的静态工作点。

断开输入信号，调整 R_P 使 $U_{C1}=6.4$ V 左右，第二级不用调整静态工作点，本身已经比较合适，测量两个管子的各极电压值，计算 I_C、I_B、β，将测量数据和计算值填入表 2.3.1 中。

表 2.3.1 静态工作点

测量值（第一级）			测量值（第二级）			计算值（第一级）			计算值（第二级）		
U_{C1}/V	U_{B1}/V	U_{E1}/V	U_{C2}/V	U_{B2}/V	U_{E2}/V	I_{C1}/mA	$I_{B1}/\mu A$	β_1	I_{C2}/mA	$I_{B2}/\mu A$	β_2

2. 负反馈放大电路开环和闭环放大倍数的测试：

（1）开环电路放大倍数的测试步骤：

① 按图 2.3.1 接线，先不接入 R_F。

② 输入端接入 $U_i=1$ mV、$f=1$ kHz 的正弦波信号（注意：输入 1 mV 信号采用输入端衰减法，即在 A 点接入 100 mV、$f=1$ kHz 的正弦波信号）。调整接线和参数使输出不失真且无振荡。

③ 按表 2.3.2 要求进行测量并填表。

④ 根据测量值计算开环放大倍数 A_U 和输出电阻 R_o。

表 2.3.2 测量并计算负反馈放大电路开环和闭环放大倍数和输出电阻

	$R_L/k\Omega$	U_i/mV	$U_{o1}=U_{i2}/mV$	U_o/mV	A_{U1}	A_{U2}	$A_U(A_{Uf})$	$R_o(R_{of})/\Omega$
开环	∞							
	1.5							
闭环	∞							
	1.5							

（2）闭环电路放大倍数的测试步骤：

① 接通 R_F 和 C_F，按上述开环时（1）中②的要求调整电路。（闭环时为方便观察，可适当加大输入幅值。）

② 按表 2.3.2 要求测量并填表，计算闭环放大倍数 A_{Uf} 和输出电阻 R_{of}。

③ 根据实测结果，验证 $A_{Uf} \approx \dfrac{1}{F}$。

3. 测量放大电路频率特性：

（1）将图 2.3.1 电路先开环，选择适当的 U_i 幅度，保持不变并调节频率使输出信号在示波器上有较大且不失真显示。

（2）保持输入信号幅度不变并逐步增加频率，直到波形减小为原来的 70%，此时信号频率即为放大电路 f_H，测出 f_H 值。

（3）条件同上，但逐渐减小频率，测出 f_L。

（4）将电路闭环，重复上述（1）～（3）步，并将结果填入表 2.3.3 中。

当频率 f 在 4～10 kHz 时，输出信号最大（无论开环、闭环），应以此为最大值进行测量。

表 2.3.3　频率特性

	f_H/Hz	f_L/Hz
电路开环		
电路闭环		

六、实验报告要求

1. 将实验值与理论值进行比较，分析误差产生的原因。

2. 根据实验内容总结负反馈对放大电路的影响。

实验四　　比例求和运算电路

一、实验目的

1. 掌握用集成运算放大电路组成的比例、求和电路的特点及其性能。
2. 学会上述电路的测试和分析方法。

二、实验仪器及器件

1. 模拟电路实验箱；
2. 数字万用表。

三、实验原理

由于集成运算放大电路的开环电压增益大约在 100 000 以上，所以必须加入电压负反馈，才能使集成运算放大电路主要工作于线性放大区。我们把集成运算放大电路的输出端与自身的反向输入端通过电路连接，组成电压负反馈电路，因而有"虚断" $U_P \approx U_N$、"虚短" $I_P \approx I_N$，并由此可以推导出各个比例运算电路的比例系数。

四、预习要求

1. 推导出图 2.4.1～2.4.5 中的 $U_。$ 公式。
2. 估算出表 2.4.2～2.4.5 中的理论值。

五、实验内容及步骤

1. 电压跟随电路。

电压跟随电路实验电路如图 2.4.1 所示，连线时必须加入＋12 V、－12 V 直流电源。按表 2.4.1 内容进行实验并测量，将数据记入表中。

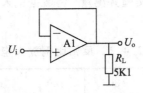

图 2.4.1　电压跟随电路

电压串联负反馈，根据"虚短"有

$$U_i = U_P, \quad U_o = U_N, \quad U_P \approx U_N, \quad U_o = U_i$$

表 2.4.1　电压跟随电路

U_i/V		-2	-0.5	0	$+0.5$	1
U_o/V	$R_L = \infty$					
	$R_L = 5.1\text{k}\Omega$					

2. 反相比例放大器。

反相比例放大器实验电路如图 2.4.2 所示。

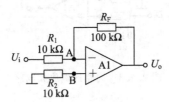

图 2.4.2　反相比例放大电路

电压并联负反馈，由"虚短"、"虚断"，故有

$$U_A = U_B = 0 \text{ V}$$

$$I_i = \frac{U_i - U_A}{R_1} = \frac{U_i}{R_1}$$

$$I_F = I_i = \frac{U_i}{R_1}$$

$$U_o = U_A - I_F \cdot R_F = -\frac{R_F}{R_1} U_i$$

按表 2.4.2 内容进行实验并测量,将数据记入表中。最后计算理论值与实际测量值之间的误差。

表 2.4.2 反相比例放大电路

直流输入电压 U_i/mV		30	100	300	1000	3000
输出 电压 U_o	理论值/V					
	实际值/V					
	误差/mV					

3. 同相比例放大电路。

同相比例放大电路如图 2.4.3 所示。按表 2.4.3 内容进行实验并测量,将数据记入表中。最后计算理论值与实际测量值之间的误差。

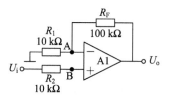

图 2.4.3 同相比例放大电路

电压串联负反馈:由"虚断",有

$$I_P \approx I_N = 0$$

因此

$$U_B = U_i , \quad I_{R_1} = I_{R_F}$$

由"虚短",有

$$U_A = U_B = U_i$$

因此,

$$U_o = \frac{U_A}{R_1}(R_1 + R_F) = \left(1 + \frac{R_F}{R_1}\right)U_i$$

表 2.4.3　同相比例放大电路

直流输入电压 U_i/mV		30	100	300	1000	3000
输出电压 U_o	理论值/V					
	实际值/V					
	误差/mV					

4. 反相求和放大电路。

反相求和放大电路实验电路如图 2.4.4 所示。按表 2.4.4 内容进行实验测量，并与预习计算值作比较。

电压并联负反馈分析方法与同相求和放大电路一样：

$$U_o = -R_F \left(\frac{U_{i1}}{R_1} + \frac{U_{i2}}{R_2} \right)$$

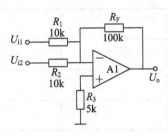

图 2.4.4　反相求和放大电路

表 2.4.4　反相求和放大电路

U_{i1}/V	0.3	-0.3
U_{i2}/V	0.2	0.2
U_o/V		
U_o(估)/V		

5. 双端输入求和放大电路。

双端输入求和放大电路实验电路如图 2.4.5 所示。按表 2.4.5 要求实验并测量记录。

$$R_1 /\!/ R_F = R_2 /\!/ R_3$$

$$U_o = \frac{R_F}{R_2}U_{i2} - \frac{R_F}{R_1}U_{i1} = 10(U_{i2} - U_{i1})$$

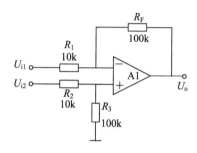

图 2.4.5　双端输入求和电路

表 2.4.5　双端输入求和电路

U_{i1}/V	1	2	0.2
U_{i2}/V	0.5	1.8	−0.2
U_o/V			
$U_o(估)/V$			

六、实验报告要求

1. 总结本实验中 5 种运算电路的特点及性能。

2. 分析理论计算与实验结果产生误差的原因。

实验五　积分与微分电路

一、实验目的

1. 学会用运算放大器组成积分微分电路。
2. 了解积分微分电路的特点及性能。

二、实验仪器与器件

1. 模拟电路实验箱；
2. 函数信号发生器；
3. 双踪示波器；
4. 晶体管毫伏表；
5. 数字万用表。

三、实验原理

1. 积分电路。

积分电路实验电路如图 2.5.1 所示。

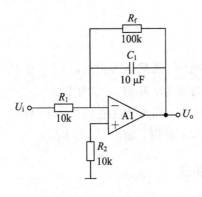

图 2.5.1　积分电路

反相积分电路：$U_o = -\dfrac{1}{R_1 C}\displaystyle\int_{t_0}^{t} U_i(t)\,\mathrm{d}t + U_o(t_0)$。实用电路中为防止低频信号增益过大，往往在积分电容两边并联一个电阻 R_f，它可以减少运放的直流偏移，但也会影响积分的线性关系，一般取 $R_f \gg R_1 = R_2$。

2. 微分电路。

微分电路实验电路如图 2.5.2 所示。

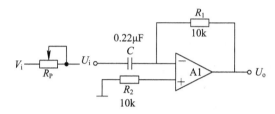

图 2.5.2　微分电路

由微分电路理想分析得到公式：$U_o(t) = -RC\dfrac{\mathrm{d}U_i(t)}{\mathrm{d}t}$。但是对于图 2.5.2 所示电路，阶跃变化的信号或是脉冲式大幅值干扰，都会使运放内部放大管进入饱和或截止状态，以致于造成即使信号消失也能回到放大区，形成堵塞现象，使电路无法工作。同时，由于反馈网络为滞后环节，它与集成运放内部滞后环节相叠加，易产生自激振荡，从而使电路不稳定。

为解决以上问题，可在输入端串联一个小电阻 R_P，以限制输入电流和高频增益，消除自激。以上改进是针对阶跃信号（方波、矩形波）或脉冲波形，对于连续变化的正弦波不必使用（除非频率过高）。当加入电阻 R_P 时，电路输出为近似微分关系。

四、预习要求

1. 分析图 2.5.1 电路，若输入为正弦波，U_o 与 U_i 相位差是多少？当输入信号为 100 Hz、有效值为 2 V 时，U_o 为多少？

2. 分析图 2.5.2 电路，若输入为正弦波，U_o 与 U_i 相位差多少？当输入信号 160 Hz、幅值为 1 V 时，输出 U_o 为多少？

五、实验内容及步骤

1. 积分电路。

积分电路如图 2.5.1 所示。注意：连接电路时，必须接 +12 V、-12 V

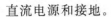

直流电源和接地。

（1）U_i 输入频率为 100 Hz、峰-峰值为 2 V 的正弦波信号，观察和比较 U_i 与 U_o 的幅值大小及相位关系，并记录波形。

（2）改变信号频率（20～400 Hz），观察 U_i 与 U_o 的相位、幅值及波形的变化。

注意：当改变信号频率时，输出信号的波形、相位不变，幅值随着频率的上升而下降。

（3）U_i 输入频率为 100 Hz、峰-峰值为 2 V 的方波信号，观察和比较 U_i 与 U_o 的幅值大小及相位关系，并记录其波形。

2．微分电路。

微分电路如图 2.5.2 所示。

（1）输入 $f=160$ Hz、有效值为 1 V 的正弦波信号，用示波器观察 U_i 与 U_o 的波形，并测量输出电压值。

（2）改变正弦波频率（20～400 Hz），观察 U_i 与 U_o 的相位、幅值变化情况并记录。

（3）输入 $f=200$ Hz、$U_{p-p}=400$ mV 的方波信号，在微分电容左端接入 400 Ω 左右的电阻（通过调节 1 k 电位器得到），用示波器观察 U_o 波形并记录。

（4）输入 $f=200$ Hz、$U_{p-p}=400$ mV 的方波信号，调节微分电容左端接入的电位器（10 k），观察 U_i 与 U_o 幅值及波形的变化情况，并作记录。

3．积分-微分电路。

积分-微分实验电路如图 2.5.3 所示。

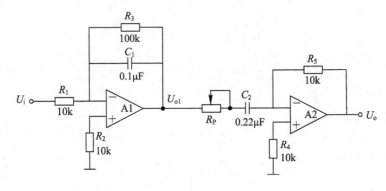

图 2.5.3　积分-微分电路

（1）在 U_i 输入 $f=200\ \mathrm{Hz}$、$U=\pm6\ \mathrm{V}$ 的方波信号，用示波器观察 U_i 和 U_o 的波形，并记录。

（2）将 f 改为 $500\ \mathrm{Hz}$，重复上述实验。

六、实验报告要求

1. 整理实验中的数据及波形，总结积分电路、微分电路的特点。

2. 分析实验结果与理论计算误差产生的原因。

实验六　集成电路 RC 正弦波振荡电路

一、实验目的

1. 掌握桥式 RC 正弦波振荡电路的构成及工作原理。
2. 熟悉正弦波振荡电路的调整、测试方法。
3. 观察 RC 参数对振荡频率的影响，学习振荡频率的测定方法。

二、实验仪器与器件

1. 模拟电路实验箱；
2. 函数信号发生器；
3. 双踪示波器；
4. 晶体管毫伏表；
5. 数字万用表。

三、实验原理

　　正弦波振荡电路必须具备两个条件：一是必须引入正反馈，而且反馈信号要能代替输入信号，这样才能在不输入信号的情况下自发产生正弦波振荡。二是要有外加的选频网络，用于确定振荡频率。因此，振荡电路由四部分电路组成：放大电路、选频网络、正反馈网络、稳幅环节。实际电路中多用 RC 串并联电路或是 LC 谐振电路（两者均起到带通滤波选频作用）用作正反馈来组成振荡电路。正反馈时 $\dot{X}_i' = \dot{X}_f = \dot{F} \dot{X}_o$，$\dot{X}_o = \dot{A}_U \dot{X}_i' = \dot{A}_U \dot{F} \dot{X}_o$，所以，振荡平衡的条件为 $\dot{A}_U \dot{F} = 1$，即幅值条件为 $|\dot{A}_U \dot{F}| = 1$，相位条件为 $\varphi_A + \varphi_F = 2n\pi$。起振条件为 $|\dot{A}_U \dot{F}| > 1$。

　　实验电路如图 2.6.1 所示，该电路常称为文氏电桥振荡电路，由 R_P 和 R_1 组成电压串联负反馈，使集成运放工作于线性放大区，形成同相比例运算放大电路，通过调节 R_P 的阻值来调节放大电路的放大倍数；由 RC 串并联网络作为正反馈回路兼选频网络，通过调节 R、C 的值来调节振荡频率。

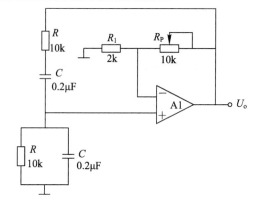

图 2.6.1　正弦波振荡电路

分析电路可得：

$$\dot{F} = \cfrac{1}{3 + \mathrm{j}\left(\omega RC - \cfrac{1}{\omega RC}\right)}$$

设 $\omega_0 = \dfrac{1}{RC}$，则

$$|\dot{F}| = \cfrac{1}{\sqrt{9 + \left(\dfrac{\omega}{\omega_0} - \dfrac{\omega_0}{\omega}\right)^2}}$$

$$\varphi_{\mathrm{F}} = -\mathrm{arctg}\,\frac{1}{3}\left(\frac{\omega}{\omega_0} - \frac{\omega_0}{\omega}\right)$$

当 $\omega = \omega_0$ 时，$|\dot{F}| = \dfrac{1}{3}$，$\varphi_{\mathrm{F}} = 0$。

此时取 A_U 稍大于 3，便可满足起振条件。即

$$A_U = 1 + \frac{R_{\mathrm{P}}}{R_1} \geqslant 3 \quad 故 R_{\mathrm{P}} \geqslant 2R_1$$

稳定振荡时，$A = 3$，振荡频率 $f = \dfrac{1}{2\pi RC}$。

四、预习要求

复习 RC 桥式振荡电路的工作原理。

五、实验内容及步骤

1. 按图 2.6.1 电路图接线。

思考：

(1) 若元件完好，接线正确，电源电压正常，而 $U_o = 0$，原因何在？应如何解决？

(2) 有输出但出现明显失真，应如何解决？

2. 调整 R_P 使电路起振，用示波器观察输出波形，测出 U_o 的频率 f_{o1}，并与计算值作比较。

3. 改变振荡频率。

在实验箱上改变文氏桥电容 $C = 0.1 \mu F$。

注意：改变参数前，必须先关断实验箱电源再改变参数，检查无误后再接通电源。测 f_o 之前，应适当调节 R_P 使 U_o 无明显失真后，再测量频率。

由于 A 稍大于 3，所以 R_P 要稍大于 4 kΩ 时才起振，但此时放大倍数大于平衡条件，易于出现输出幅值过大而失真的现象，为改善这种现象，可适当加入稳幅环节，在 R_P 两端并联 ± 6 V 的双向稳压管，利用稳压管的动态电阻变化特性进行自调节。

4. 测定运算放大器放大电路的闭环电压放大倍数 A_{Uf}。

先测出图 2.6.1 电路的输出电压 U_o 值后，关断实验箱电源，保持 R_P 不变，再断开图 2.6.1 中的 RC 正反馈网络，用信号发生器输出一个频率相同的正弦波信号 U_i，接至运放同相输入端(如图 2.6.2 所示)。调节 U_i 幅度(频率不能变)，使 U_o 等于原值，测出此时的 U_i 值，则：$A_{Uf} = U_o / U_i$。

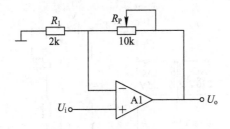

图 2.6.2　运算放大器放大电路

六、实验报告要求

1. 电路中哪些参数与振荡频率有关？

2. 将振荡频率的实测值与理论估算值进行比较，分析产生误差的原因。

3. 总结改变负反馈深度对振荡电路起振的幅值条件及输出波形的影响。

实验七　整流滤波与并联稳压电路

一、实验目的

1. 熟悉单相半波、全波、桥式整流电路。
2. 观察了解电容滤波的作用。
3. 了解并联稳压电路。

二、实验仪器与器件

1. 模拟电路实验箱；
2. 双踪示波器；
3. 数字万用表。

三、实验原理

1. 半波整流、桥式整流电路。

实验电路分别如图 2.7.1、图 2.7.2 所示。

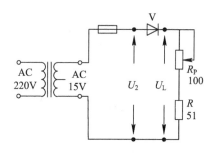

图 2.7.1　二极管半波整流

图 2.7.1 是二极管半波整流，如果忽略二极管导通电压，输出应是半波波形。如果输入交流信号有效值为 U_1，输出信号平均值为 $\dfrac{\sqrt{2}U_1}{\pi} \approx 0.45U_1$，有效值为 $\dfrac{U_1}{\sqrt{2}}$。图 2.7.2 是二极管桥式整流电路，如果忽略二极管导通电压，

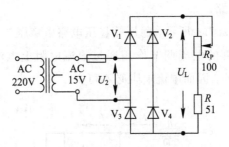

图 2.7.2 二极管桥式整流电路

输出应是全波波形。输出信号平均值为 $\dfrac{2\sqrt{2}U_1}{\pi} \approx 0.9U_1$，有效值为 U_1。

2. 电容滤波电路。

电容滤波电路如图 2.7.3 所示。电容滤波电路是利用电容对电荷的存储作用来抑制纹波。在不加入负载电阻时，理论上应输出无纹波的稳定电压，但实际上考虑到二极管反向电流和电容的漏电流，所以仍然可以看到纹波，由于大电容的漏电流较大，所以接入 470 μF 时观察到的纹波比接入 10 μF 时的大。接入负载后，在示波器中可看到明显的纹波。纹波中电压处于上升部分时，二极管导通，通过电流一部分经过负载，一部分给电容充电，其时间常数为 $R'C$（$R'C=r/\!/R_L$，r 为输入电路内阻）；波纹中电压处于下降部分时，二极管截止，负载上的电流由电容提供，其放电时间常数为 R_LC。一般有 $R_L \gg r$，因此滤波的效果主要取决于放电时间常数，其数值越大滤波后输出纹波越小、电压波形越平滑，平均值也越大。平均值 $U_{om} = \sqrt{2}U_1\left(1 - \dfrac{T}{4R_LC}\right)$（式中，$T$ 为电网电压的周期）。

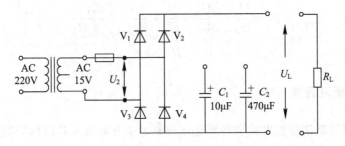

图 2.7.3 电容滤波电路

3. 并联稳压电路。

实验电路如图 2.7.4 所示,稳压管稳压电路由稳压二极管和限流电阻组成,它是利用稳压管的电流调节作用通过限流电阻上电流和电压来进行补偿,以达到稳压目的,因而限流电阻必不可少。

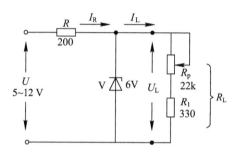

图 2.7.4 并联稳压电路

对于稳压电路,一般用稳压系数 S_r 和输出电阻 R_o 来描述稳压特性,S_r 表明输入电压波动的影响,R_o 表明负载电阻对稳压特性的影响。

$$S_r = \frac{\Delta U_o / U_o}{\Delta U_i / U_i} \Big|_{R_L 不变}$$

$$R_o = - \frac{\Delta U_o}{\Delta I_o} \Big|_{U_i 不变}$$

分析电路,设稳压管两端电压为 U_Z,流过稳压管的电流为 I_Z,则稳压管交流等效电阻 $r_Z = \Delta U_Z / \Delta I_Z$。根据交流等效电路可知:

$$S_r = \frac{U_i}{U_o} \cdot \frac{\Delta U_o}{\Delta U_i} = \frac{U_i}{U_o} \cdot \frac{r_Z /\!/ R_L}{R + r_Z /\!/ R_L}$$

$$R_o = R /\!/ r_Z$$

四、预习要求

1. 复习整流滤波电路和并联稳压电路的工作原理及其指标的物理意义。

2. 复习整流滤波电路和并联稳压电路的调整步骤和稳定度、动态内阻的测量方法。

88

五、实验内容及步骤

1. 半波整流、桥式整流电路。

分别接如图 2.7.1、图 2.7.2 两种电路，用示波器观察 U_2 及 U_L 的波形，并测量 U_2、U_D、U_L。

2. 电容滤波电路。实验电路如图 2.7.3 所示。

（1）分别用不同电容接入电路，先不接 R_L，用示波器观察波形，用电压表测 U_L 并记录。

（2）接上 R_L，先使 $R_L = 1$ kΩ，重复上述实验并记录。

（3）将 R_L 改为 150 Ω，重复上述实验。

3. 并联稳压电路。实验电路如图 2.7.4 所示。

（1）电源输入电压为 10 V 不变，测量负载变化时电路的稳压性能。

改变负载电阻 R_L 使负载电流 $I_L = 1$ mA，5 mA，10 mA 分别测量 U_L、U_R、I_Z、I_R，将测量数据填入表 2.7.1 中，并计算电源输出电阻。

表 2.7.1　并联稳压电路

I_L/mA	U_L/V	U_R/V	I_Z/mA	I_R/mA
1				
5				
10				

测量得：

$I_{Zmin} =$ ＿＿＿＿＿＿＿＿＿＿＿＿，$U_{Zmin} =$ ＿＿＿＿＿＿＿＿＿＿＿＿，

计算得：

$r_Z =$ ＿＿＿＿＿＿＿＿＿＿＿＿，$R_o =$ ＿＿＿＿＿＿＿＿＿＿＿＿。

（2）负载不变，电源电压变化时电路的稳压性能。

用可调的直流电压变化模拟 220 V 电源电压变化，电路接入前将可调电源调到 10 V，然后再调到 8 V、9 V、11 V、12 V，按表 2.7.2 内容测量，并将测量数据填入表中，以 10 V 为基准，计算稳压系数 S_r。

表 2.7.2　电路的稳压性能

U_I/V	U_L/V	I_R/mA	I_L/mA	S_r
10				
8				
9				
11				
12				

六、实验报告要求

1. 整理实验数据，并按实验内容进行计算。

2. 图 2.7.4 所示电路能输出最大电流为多少？为获得更大电流应如何选用电路元器件及参数？

第三章　数字电路实验

数字电路实验是电工电子技术实验重要的组成环节，通过实验可以巩固和加深学生对课堂教学内容的理解，提高学生实际工作技能，培养学生科学的工作作风，并为学习后续课程和从事实践技术工作奠定基础。

为了使数字电路实验取得较好的效果，特提出以下要求：

1. 使用仪器和实验箱前必须了解其性能、操作方法及注意事项，使用时应严格遵守。

2. 实验前必须充分预习，认真阅读本实验教程，分析、掌握实验电路的工作原理，熟悉实验任务。

3. 实验前先要读懂集成块的外引线排列，分清电源、接地、输入和输出端，读懂集成块的逻辑功能表，然后根据集成块的逻辑功能设计、连接电路。

4. 实验中，接线要认真，并相互仔细检查，确定无误后才能接通电源。

5. 实验时应注意观察，若发现有异常现象（例如，有元件冒烟、发烫或有异味）应立即关断电源，保持现场，并报告指导教师。然后找出原因、排除故障，再继续实验。

6. 实验过程中需要改接线时，应关断电源后再拆、接线。

7. 实验过程中应仔细观察实验现象，认真记录实验结果。所记录的实验结果经指导教师审阅签字后，才可拆除实验线路。

8. 实验结束后，必须关断电源，并将仪器、工具、导线等按规定整理并放好。

9. 实验完毕后每个同学都必须按要求独立完成实验报告。

实验一　TTL基本门电路逻辑功能测试

一、实验目的

1. 掌握常用TTL门电路的逻辑功能，熟悉其型号、外形和管脚排列。
2. 验证基本门电路的逻辑功能。

二、实验仪器及器件

1. 数字电路实验箱，1台；
2. 万用表，1块；
3. 74LS20（二4输入与非门），1片；74LS02（四2输入或非门），1片；74LS86（四2输入异或门），1片；74LS51（与或非门），1片；74LS00（四2输入与非门），2片。

三、实验原理

1. 集成块管脚排列及功能。

各集成块管脚排列及功能如图3.1.1所示。

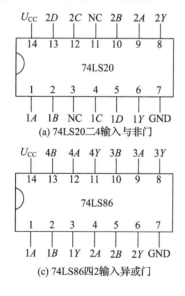

(a) 74LS20二4输入与非门

(c) 74LS86四2输入异或门

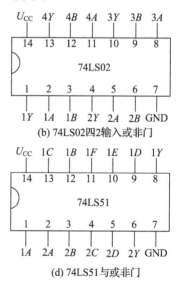

(b) 74LS02四2输入或非门

(d) 74LS51与或非门

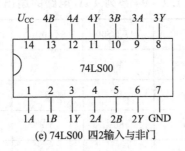

(e) 74LS00 四2输入与非门

图 3.1.1　集成块管脚排列

2. TTL 电路输入输出性质。

当输入端为高电平时，输入电流是反向二极管的漏电流，电流极小。其方向是从外部流入输入端。

当输入端处于低电平时，电流由电源 U_{CC} 经内部电路流出输入端，电流较大，当与上一级电路衔接时，将决定上一级电路应具备的负载能力。高电平输出电压在负载不大时约为 3.4 V。低电平输出时，允许后级电路灌入电流，随着灌入电流的增加，输出低电平将升高，一般 LS 系列 TTL 电路允许灌入 8 mA 电流，即可吸收后级 20 个 LS 系列标准门的灌入电流。可允许低电平最大输出电压为 0.4 V。

3. TTL 集成逻辑电路的衔接。

在实际的数字电路系统中，总是将一定数量的集成逻辑电路按需要前后连接起来，这时前级电路的输出将与后级电路的输入相连并驱动后级电路工作。这就存在着电平的配合和负载能力这两个需要妥善解决的问题。

可用下列几个表达式来说明连接时所要满足的条件：

U_{OH}（前级）$\geqslant U_{IH}$　　　　（后级）

U_{OL}（前级）$\leqslant U_{IL}$　　　　（后级）

I_{OH}（前级）$\geqslant n \times I_{IH}$　　　（后级）

I_{OL}（前级）$\geqslant n \times I_{IL}$　　　（后级）　　　　（n 为后级门的数目）

TTL 集成逻辑电路的所有系列，由于电路结构形式相同，故电平配合比较方便，不需要外接元件即可直接连接，不足之处是低电平时受负载能力的限制。表 3.1.1 列出了 74 系列 TTL 电路的扇出系数。

表 3.1.1　74 系列 TTL 电路的扇出系数

	74LS00	74ALS00	7400	74L00	74S00
74LS00	20	40	5	40	5
74ALS00	20	40	5	40	5
7400	40	80	10	40	10
74L00	10	20	2	20	1
74S00	50	100	12	100	12

四、实验内容及步骤

1. 测试与非门的逻辑功能。

（1）将 74LS20 插入数字电路实验箱的 IC 插座，如图 3.1.2 所示，集成电路的输入端分别接到实验箱的逻辑电平控制插孔，对应的逻辑电平控制开关置高电平"1"或低电平"0"。与非门的输出端接至 LED（发光二极管）电平显示的输入插孔，与非门输出高电平时 LED 亮；输出低电平时，LED 灭。电源 U_{CC} 接 5 V 直流电压源，GND 接地线。

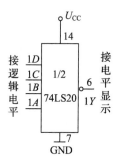

图 3.1.2　与非门逻辑功能测试

（2）将与非门的四个输入端 A、B、C、D 分别置为表 3.1.2 左边所列状态，读出输出端 Y 的逻辑状态，并填入表 3.1.2 空格中。

表 3.1.2　与非门逻辑功能测试

A	B	C	D	LED	逻辑状态
1	1	1	1		
0	1	1	1		
0	0	1	1		
0	0	0	1		
0	0	0	0		

2. 测试或非门的逻辑功能。

（1）将 74LS02 插入数字电路实验箱的 IC 插座，如图 3.1.3 所示，任选一个或非门，输入端分别接逻辑电平输出插孔，对应的逻辑电平控制开关置高电平"1"或低电平"0"。输出端接至 LED 电平显示的输入插孔，当或非门输出高电平时 LED 亮，输出低电平时 LED 灭。电源 U_{CC} 接 5 V 直流电压源，GND 接地线。

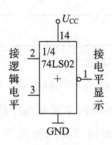

图 3.1.3　或非门逻辑功能测试

表 3.1.3　或非门逻辑功能测试

A	B	LED	逻辑状态
0	0		
0	1		
1	0		
1	1		

（2）输入端 A、B 脚分别置为表 3.1.3 左边所列状态时，读出输出端的状态，将结果填入表空格中。

3．测试异或门的逻辑功能。

（1）将 74LS86 插入实验箱的 IC 插座，任选一个异或门，输入端分别接逻辑电平输出插孔，对应的逻辑电平控制开关置高电平"1"或低电平"0"，异或门的输出端接至 LED 电平显示的输入插孔。当异或门输出高电平时 LED 亮，输出低电平时 LED 灭。电源 U_{CC} 接 5 V 直流电压源，GND 接地线。

（2）输入端分别置为表 3.1.4 左边所列状态时，读出输出端的状态，将结果填入表空格中。

表 3.1.4　异或门逻辑功能测试

A	B	LED	逻辑状态
0	0		
0	1		
1	0		
1	1		

4．测试与或非门的逻辑功能。

（1）将 74LS51 插入实验箱的 IC 插座。选 $2Y = \overline{2A \cdot 2B + 2C \cdot 2D}$，输入端 2、3、4、5 管脚分别连接到四个逻辑电平的输出插孔，输出端 6 接电平显示输入插孔，由 LED 显示输出状态的变化。

（2）输入端 A、B、C、D 分别置为表 3.1.5 左边所列状态，将输出端 Y 显示的状态填入表右边空格中。

表 3.1.5　与或非门逻辑功能测试

A	B	C	D	LED	逻辑状态
0	0	0	0		
0	0	0	1		
0	0	1	0		

A	B	C	D	LED	逻辑状态
0	0	1	1		
0	1	0	1		
1	0	1	0		
1	1	0	0		
1	1	0	1		
1	1	1	0		
1	1	1	1		

5. 用 TTL 与非门组成其他功能逻辑门。

用两片 74LS00，按下列各项要求分别写出与非门组成各功能逻辑门的数学表达式，并画出电路图，连接线路，再根据测试结果判断电路连接的正误。

（1）用与非门组成两输入端与门电路，表达式为

$$Y = AB = \overline{\overline{AB}} = \overline{\overline{AB} \cdot 1}$$

其电路图如图 3.1.4 所示。

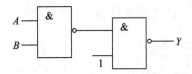

图 3.1.4　用与非门组成与门电路

（2）用与非门组成两输入端或门电路，表达式为

$$Y = A + B = \overline{\overline{A + B}} = \overline{\overline{A} \cdot \overline{B}} = \overline{\overline{A \cdot 1} \cdot \overline{B \cdot 1}}$$

五、实验报告要求

1. 认真预习实验指导书，写出实验原理、实验目的和实验步骤。

2. 复核实验记录数据，是否符合逻辑关系，认真完成实验报告。

实验二 译码器及其应用

一、实验目的

1. 掌握二进制译码器的功能及测试方法。
2. 掌握利用二进制译码器设计组合逻辑电路的方法。
3. 熟悉显示译码器和数码管的使用方法。

二、实验仪器及器件

1. 数字电路实验箱，1台；
2. 74LS20（双4输入与非门），1片；
3. 74LS138（3线/8线译码器），1片；
4. 74LS47（BCD-七段显示译码器），1片；
5. 共阳LED数码管，1片。

三、实验原理

1. 74LS20和74LS138管脚排列及功能。

74LS20和74LS138的管脚排列如图3.2.1所示。

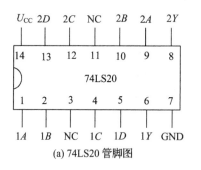
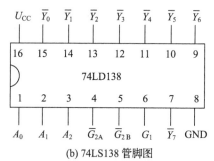

图 3.2.1　74LS20 和 74LS138 的管脚排列图

74LS138译码器功能如表3.2.1所示。

表 3.2.1 74LS138 的功能表

输 入					输 出							
G_1	$\overline{G_{2A}}+\overline{G_{2B}}$	A_2	A_1	A_0	$\overline{Y}_0$	$\overline{Y}_1$	$\overline{Y}_2$	$\overline{Y}_3$	$\overline{Y}_4$	$\overline{Y}_5$	$\overline{Y}_6$	$\overline{Y}_7$
0	×	×	×	×	1	1	1	1	1	1	1	1
×	1	×	×	×	1	1	1	1	1	1	1	1
1	0	0	0	0	0	1	1	1	1	1	1	1
1	0	0	0	1	1	0	1	1	1	1	1	1
1	0	0	1	0	1	1	0	1	1	1	1	1
1	0	0	1	1	1	1	1	0	1	1	1	1
1	0	1	0	0	1	1	1	1	0	1	1	1
1	0	1	0	1	1	1	1	1	1	0	1	1
1	0	1	1	0	1	1	1	1	1	1	0	1
1	0	1	1	1	1	1	1	1	1	1	1	0

注："×"表示为任意项。

2. 组合逻辑电路设计的方法与步骤。

使用中、小规模集成电路来设计组合逻辑电路是最常见的逻辑电路设计方法之一。设计组合逻辑电路的一般方法与步骤是：

(1) 根据设计任务要求，定义输入逻辑变量和输出逻辑变量。

(2) 列出输入变量与输出函数之间的真值表。

(3) 由真值表写出逻辑函数式，用卡诺图或代数化简法求出最简逻辑函数式。

(4) 根据逻辑函数式画出逻辑电路图，用标准器件构成电路。

(5) 用实验来验证设计的正确性。

3. 设计要求：

(1) 设计译码器 74LS138 功能的实验方案。

(2) 用 74LS138 和 74LS20 译码器实现全加器的功能。

设 A、B 为被加数和加数，C_I 为来自低位的进位，S 为和，C_0 为进位输出，则其真值表如表 3.2.2 所示。

表 3.2.2　全加器的真值表

A	B	C_I	S	C_O
0	0	0	0	0
0	0	1	1	0
0	1	0	1	0
0	1	1	0	1
1	0	0	1	0
1	0	1	0	1
1	1	0	0	1
1	1	1	1	1

根据真值表可得到输出函数表达式：

$$S(A, B, C_I) = \sum m(1, 2, 4, 7)$$

$$C_O(A, B, C_I) = \sum m(3, 5, 6, 7)$$

根据逻辑函数式画出用 74LS138 和 74LS20 译码器构成的逻辑电路图。

4. 七段字符显示器与数码显示译码器。

（1）LED 七段字符显示器：常见的七段字符显示器有半导体数码管和液晶显示器两种。半导体数码管由发光二极管组成，因而也把它叫做 LED 数码管或 LED 七段显示器。按照发光二极管的连接方式可分为共阴极和共阳极两种类型。共阳极结构二极管的公共端接电源正极，输入信号为低电平时发光二极管亮；共阴极结构二极管的公共端接电源负极，输入信号为高电平时发光二极管亮。根据输入信号的不同，LED 数码管显示不同的数字。

（2）BCD 七段字符显示译码器：BCD 七段字符显示译码器的作用是将输入的四位二进制数码译成驱动七段字符显示器所需要的电平信号，使它能显示出 0～9 的十进制数字。BCD 七段字符显示译码器有共阴极和共阳极两种类型，相对应的字符显示译码器也有输出高电平有效、输出低电平有效两种类型。BCD 七段显示译码器 74LS47 是一种与共阳极数字显示器配合使用的集成译码器兼驱动器。

74LS47 的管脚排列如图 3.2.2 所示，74LS47 的功能表如表 3.2.3 所示。

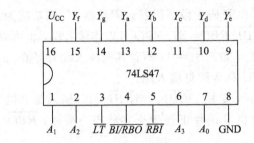

图 3.2.2 74LS47 的管脚排列图

表 3.2.3 74LS47 功能表

控制端			数据输入				显示字形
$\overline{LT}$	$\overline{BI}/\overline{RBO}$	$\overline{RBI}$	A_3	A_2	A_1	A_0	
0	0/	×	×	×	×	×	全灭(灭灯)
0	悬空(1/)	×	×	×	×	×	8(试灯)
1	0/	×	×	×	×	×	全灭(灭灯)
1	/0	0	0	0	0	0	全灭(灭0)
1	/1	1	0	0	0	0	0
1	/1	×	0	0	0	1	1
1	/1	×	0	0	1	0	2
1	/1	×	0	0	1	1	3
1	/1	×	0	1	0	0	4
1	/1	×	0	1	0	1	5
1	/1	×	0	1	1	0	6
1	/1	×	0	1	1	1	7
1	/1	×	1	0	0	0	8
1	/1	×	1	0	0	1	9
1	/1	×	1	0	1	0	c
1	/1	×	1	0	1	1	⊐
1	/1	×	1	1	0	0	∪
1	/1	×	1	1	0	1	⊏
1	/1	×	1	1	1	0	⊢
1	/1	×	1	1	1	1	全灭

注：(1) 表中 $\overline{BI}/\overline{RBO}$ 的状态在"/"上为输入，在"/"下为输出。

(2) "×"为任意态。

（3）74LS47 是 BCD 码七段译码器兼驱动器，逻辑功能为：

① 特殊控制端 $\overline{BI}/\overline{RBO}$：$\overline{BI}/\overline{RBO}$ 可以作输入端，也可以作输出端。

作输入端使用时，如果 $\overline{BI}=0$，不管其他输入端为何值，$a\sim g$ 均输出 1，显示器全灭。因此 $\overline{BI}$ 称为灭灯输入端。

作输出端使用时，受控于 $\overline{RBI}$。当 $\overline{RBI}=0$，输入为 0 的二进制码 0000 时，$\overline{RBO}=0$，用以指示该片正处于灭零状态。所以，$\overline{RBO}$ 又称为灭零输出端。

② 试灯：当 $\overline{LT}=0$ 时，无论输入怎样，$a\sim g$ 输出全为 0，数码管七段全亮。由此可以检测显示器七个发光段的好坏。$\overline{LT}$ 称为试灯输入端。

③ 灭零：当 $\overline{LT}=1$，而输入为 0 的二进制码 0000 时，只有当 $\overline{RBI}=1$ 时，才产生 0 的七段显示码；如果此时输入 $\overline{RBI}=0$，则译码器的 $a\sim g$ 输出全为 1，使显示器全灭。所以，$\overline{RBI}$ 称为灭零输入端。

④ 正常译码显示：当 $\overline{LT}=1$，$\overline{BI}/\overline{RBO}=1$ 时，对输入为十进制数 $1\sim15$ 的二进制码（0001～1111）进行译码，产生对应的七段显示码。

⑤ A_3、A_2、A_1、A_0 为二进制码输入端。

⑥ Y_a、Y_b、Y_c、Y_d、Y_e、Y_f、Y_g：各段控制端，输出低电平时点亮相应的段，需配共阳极数码管。共阳极数码管管脚图如图 3.2.3 所示，将其与 74LS47 连接。74LS47 内部有升压电阻，因而无需外部电阻即可直接驱动共阳极数码管。

(a) 数码管管脚图　　　　　　　　　(b) LED 数码管的显示

图 3.2.3　数码管管脚图和 LED 数码管显示的不同数字

四、实验内容及步骤

1. 74LS138 功能测试。按表 3.2.1 验证 74LS138 译码器的功能。

当 $G_1 \cdot G_{\overline{2A}} \cdot G_{\overline{2B}} \neq 100$ 时，输出端全为高电平；当 $G_1 \cdot G_{\overline{2A}} \cdot G_{\overline{2B}} = 100$

时，根据输入信号的不同，相应输出端为低电平，其他输出端全为高电平。

2. 用 74LS138 和 74LS20 设计全加器。

列出真值表，由真值表写出逻辑函数式，根据逻辑函数式画出逻辑电路图，用 74LS138 和 74LS20 构成电路；按图连接实验电路，接上电源，用实验来验证设计的正确性。最后将结果填入表 3.2.4 中。

表 3.2.4　全加器功能测试表

A	B	C_I	S	C_O
0	0	0		
0	0	1		
0	1	0		
0	1	1		
1	0	0		
1	0	1		
1	1	0		
1	1	1		

3. 集成显示译码器功能测试。

按照表 3.2.3 所示内容测试 74LS47 译码器的功能。

五、实验报告要求

1. 画出由译码器和与非门构成的全加器电路图，填写全加器功能测试表。

2. 按表 3.2.3 测试 74LS47 译码器的功能，并总结其功能。

实验三　数据选择器及其应用

一、实验目的

掌握数据选择器的功能和应用方法。

二、实验仪器及器件

1. 数字电路实验箱，1台；
2. 74LS00（四2输入与非门），1片；
3. 74LS153（双4选1数据选择器），1片；
4. 74LS151（8选1数据选择器），1片。

三、实验原理

数据选择器又称为多路转换器、多路选择开关或多路开关，它有 n 个选择控制端，2^n 个数据输入端，还有数据输出端或反码数据输出端，以及选通输入端等。其逻辑功能为：在选择控制端控制下，从多个输入数据中选择一个并将其送到输出端。常用的数据选择器有4选1数据选择器（74LS153，74LS253，CC14539）和8选1数据选择器（74LS151，CC4512）。

74LS153是双4选1数据选择器，即在一块集成芯片上有两个4选1数据选择器。输出函数表达式：

$$Y = \overline{A_1 A_0} D_0 + \overline{A_1} A_0 D_1 + A_1 \overline{A_0} D_2 + A_1 A_0 D_3$$

74LS151是8选1数据选择器，8个输入，3个数据选择控制端。输出函数表达式：

$$Y = \overline{A_2 A_1 A_0} D_0 + \overline{A_2 A_1} A_0 D_1 + \overline{A_2} A_1 \overline{A_0} D_2 + \overline{A_2} A_1 A_0 D_3$$
$$+ A_2 \overline{A_1 A_0} D_4 + A_2 \overline{A_1} A_0 D_5 + A_2 A_1 \overline{A_0} D_5 + A_2 A_1 A_0 D_7$$

74LS153和74LS151的管脚排列如图3.3.1所示。

74LS153和74LS151的功能表如表3.3.1和表3.3.2所示。

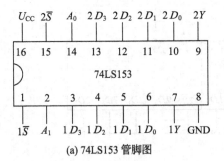

(a) 74LS153 管脚图

(b) 74LS151 管脚图

图 3.3.1 74LS153 和 74LS151 的管脚图

表 3.3.1 74LS153 的功能表

$\overline{S}$	A_1	A_0	Y
1	×	×	0
0	0	0	D_0
0	0	1	D_1
0	1	0	D_2
0	1	1	D_3

表 3.3.2 74LS151 的功能表

$\overline{S}$	A_2	A_1	A_0	Y
1	×	×	×	0
0	0	0	0	D_0
0	0	0	1	D_1
0	0	1	0	D_2
0	0	1	1	D_3
0	1	0	0	D_4
0	1	0	1	D_5

四、实验内容及步骤

1. 测试数据选择器 74LS153 的逻辑功能。

按表 3.3.1 所示内容测试 74LS153 的逻辑功能。

2. 用数据选择器 74LS153 构成全加器。

参考电路如图 3.3.2 所示，A、B 为被加数和加数，C_I 为来自低位的进位，S 为和，C_O 为进位输出。

请按表 3.3.3 所示内容测试其功能(输出端接至 LED 逻辑电平显示输入插口)。

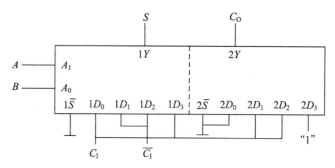

图 3.3.2   由双 4 选 1 数据选择器构成的全加器

表 3.3.3   全加器功能测试表

A	B	C_I	S	C_O
0	0	0		
0	0	1		
0	1	1		
1	0	0		
1	0	1		
1	1	0		
1	1	1		

3. 测试数据选择器 74LS151 的逻辑功能。

按表 3.3.2 所示内容测试 74LS151 的逻辑功能。

4. 用数据选择器 74LS151 实现三变量多数表决电路。

自己设计电路，并画出电路图，然后连接电路实现所需要的逻辑功能，并验证之。

五、实验报告要求

1. 画出由数据选择器 74LS153 构成的全加器电路图，填写全加器功能测试表。

2. 写出用数据选择器 74LS151 实现三变量多数表决电路的设计步骤，并画出电路图，连接电路实现所需要的逻辑功能，并验证之。

实验四 集成触发器及其应用

一、实验目的

1. 掌握集成触发器逻辑功能的测试方法。
2. 学习用集成触发器连接成计数器。

二、实验仪器与器件

1. 74LS112（双 JK 触发器），1 只；
2. 74LS74（双上升沿 D 触发器），1 只；
3. 74LS00（四 2 输入与非门），1 只。

三、实验原理

1. 集成触发器的基本类型及其逻辑功能：

按触发器的逻辑功能可分为：RS 触发器、D 触发器、JK 触发器、T 触发器。

D 触发器的特性方程：$Q^{n+1}=D$

JK 触发器的特性方程：$Q^{n+1}=J\overline{Q^n}+\overline{K}Q^n$

T 触发器的特性方程：$Q^{n+1}=T\overline{Q^n}+\overline{T}Q^n$

2. 74LS74 和 74LS112 的管脚排列与功能。

74LS74 和 74LS112 的管脚排列如图 3.4.1 所示。

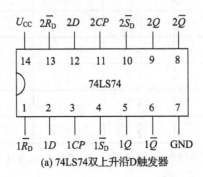

(a) 74LS74双上升沿D触发器

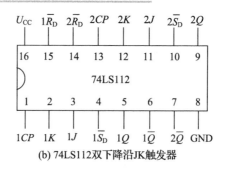

(b) 74LS112双下降沿JK触发器

图 3.4.1　74LS74、74LS112 外引线排列图

74LS74 和 74LS112 的功能表如表 3.4.1、表 3.4.2 所示。

表 3.4.1　**74LS74 功能表**

$\overline{S}_D$	$\overline{R}_D$	CP	D	Q^{n+1}
0	1	×	×	1
1	0	×	×	0
0	0	×	×	ϕ
1	1	↑	1	1
1	1	↑	0	0

表 3.4.2　**74LS112 功能表**

$\overline{S}_D$	$\overline{R}_D$	CP	J	K	Q^{n+1}
0	1	×	×	×	1
1	0	×	×	×	0
0	0	×	×	×	ϕ
1	1	↓	0	0	Q^n
1	1	↓	1	0	1
1	1	↓	0	1	0
1	1	↓	1	1	$\overline{Q^n}$

注：↓：高电平到低电平跳变(下降沿)；↑：低电平到高电平跳变(上升沿)；
　　×：任意态；ϕ：不定态。

3. 用 JK 触发器构成异步二进制加/减计数器。

(1) 异步三位二进制(八进制)加法计数器电路图如图 3.4.2 所示。

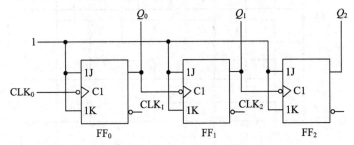

图 3.4.2 异步三位二进制(八进制)加法计数器

加法计数器时序图如图 3.4.3 所示。

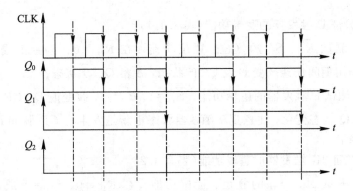

图 3.4.3 异步三位二进制(八进制)加法计数器的时序图

功能：三位二进制(八进制)加法计数器。

(2) 若用前一级的 Q' 作为下一级的 CLK 脉冲(下降沿触发)，即可构成(三位)二进制减法计数器，电路图如图 3.4.4 所示。

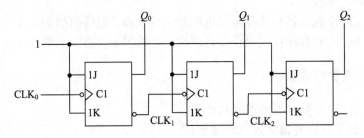

图 3.4.4 异步三位二进制(八进制)减法计数器

减法计数器时序图如图 3.4.5 所示。

109

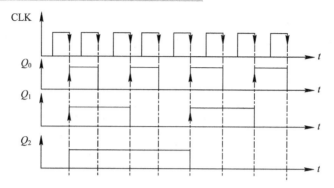

图 3.4.5　异步三位二进制(八进制)减法计数器时序图

四、实验内容及步骤

1. 验证 D 触发器的逻辑功能(表 3.4.1)。

(1) 测试 $\overline{R}_D$、$\overline{S}_D$ 的复位、置位功能。在 $\overline{R}_D=0$、$\overline{S}_D=1$ 或 $\overline{S}_D=0$、$\overline{R}_D=1$ 作用期间任意改变 D 及 CP 的状态,观察 Q、$\overline{Q}$ 状态。

(2) 测试 D 触发器的逻辑功能。$\overline{S}_D=1$、$\overline{R}_D=1$,改变或 D、CP 端状态,观察 Q、$\overline{Q}$ 状态变化,注意观察触发器状态更新是发生在 CP 脉冲的上升沿还是下降沿。

2. 验证 JK 触发器的逻辑功能(表 3.4.2)。

(1) 测试 $\overline{R}_D$、$\overline{S}_D$ 的复位、置位功能。在 $\overline{R}_D=0$、$\overline{S}_D=1$ 或 $\overline{S}_D=0$、$\overline{R}_D=1$ 作用期间任意改变 J、K 及 CP 的状态,观察 Q、$\overline{Q}$ 状态。

(2) 测试 JK 触发器的逻辑功能。$\overline{S}_D=1$、$\overline{R}_D=1$,改变 J、K、CP 端状态,观察 Q、$\overline{Q}$ 状态变化,注意观察触发器状态更新是发生在 CP 脉冲的上升沿还是下降沿。

3. 用 JK 触发器构成异步二进制加法计数器,电路图如图 3.4.2 所示。

4. 用 JK 触发器构成异步二进制减法计数器,电路图如图 3.4.4 所示。

五、实验报告要求

1. 填写 JK 触发器的逻辑功能表。

2. 填写 D 触发器的逻辑功能表。

3. 画出 JK 触发器构成异步二进制加/减计数器的电路图,并画出输出状态转换图。

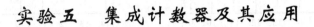

实验五 集成计数器及其应用

一、实验目的

1. 学习集成计数器的功能测试方法。
2. 掌握中规模集成计数器的使用方法及组成任意进制计数器的方法。

二、实验仪器及器件

1. 数字电路实验箱，1台；
2. 74LS192（BCD码十进制同步加/减计数器），1片；
3. 74LS00（四2输入与非门），1片。

三、实验原理

计数器是一个用以实现计数功能的器件。它不仅可用来记录脉冲的个数，而且还常用作数字系统的定时、分频、执行数字运算以及其他特定的逻辑功能。

计数器种类很多，按构成计数器中的各触发器是否使用一个时钟脉冲源来分，有同步计数器和异步计数器。根据计数数制的不同，分为二进制计数器、十进制计数器和任意进制计数器。根据计数的增减趋势，又分为加法、减法和可逆计数器。还有可预置数和可编程序功能计数器，等等。目前，无论是 TTL 还是 CMOS 集成电路，都有品种较齐全的中规模集成计数电路。例如：4 位二进制同步计数器 CC4520、CC40161、74LS161、74LS163；同步十进制计数器 74LS160、74LS162；异步十进制计数器 74LS90；十进制同步加/减可逆计数器 74LS192、CC40192 等。

使用者只要借助于器件手册提供的功能表和工作波形图以及引脚排列图，就能正确地运用这些器件。

1. 74LS192、74LS00 引脚排列及功能。

74LS192、74LS00 引脚排列图见图 3.5.1，74LS192 功能表见表 3.5.1。

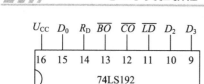

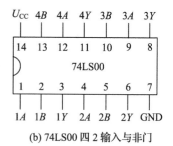

(a) 74LS192 十进制位同步加/减计数器   (b) 74LS00 四 2 输入与非门

图 3.5.1   74LS192、74LS00 引脚排列

图中：R_D——清零端； $\overline{LD}$——异步预置数端；

CP_U——加计数脉冲输入端； CP_D——减计数脉冲输入端；

$\overline{CO}$——非同步进位输出端； $\overline{BO}$——非同步借位输出端；

Q_3、Q_2、Q_1、Q_0——计数输出端； D_3、D_2、D_1、D_0——数据输入端。

表 3.5.1   74LS192 的功能表

输　入								输　出			
R_D	$\overline{LD}$	CP_U	CP_D	D_3	D_2	D_1	D_0	Q_3	Q_2	Q_1	Q_0
1	×	×	×	×	×	×	×	0	0	0	0
0	0	×	×	d_3	d_2	d_1	d_0	d_3	d_2	d_1	d_0
0	1	↑	1	×	×	×	×	加计数			
0	1	1	↑	×	×	×	×	减计数			

2. 中规模十进制计数器。

74LS192 是同步十进制加减可逆计数器，具有双时钟输入、异步清零和异步预置数等功能。

对 74LS192 的功能表 3.5.1 说明如下：

（1）当清零端 $R_D=1$ 时，计数器直接清零；当 $R_D=0$ 时则执行其他功能。

（2）当 $R_D=0$，且置数端 $\overline{LD}=0$ 时，数据直接从置数端 D_3、D_2、D_1、D_0 置入。

（3）当 $R_D=0$，$\overline{LD}=1$ 时，执行计数功能。执行加计数时，减计数端 $CP_D=1$，计数脉冲由 CP_U 输入，在计数脉冲上升沿到来时执行 8421 码的十进制加法计数。执行减计数时，加计数端 $CP_U=1$，计数脉冲由 CP_D 输入，在计数脉冲上升沿到来时执行 8421 码的十进制减法计数。表 3.5.2 为 8421 码十进制加、减可逆计数器的状态转换表。

表 3.5.2 8421 码十进制加、减可逆计数器状态转换表

输入脉冲	加计数输出		减计数输出	
CP	$Q_3Q_2Q_1Q_0$	$\overline{CO}$	$Q_3Q_2Q_1Q_0$	$\overline{BO}$
0	0000	1	0000	0
1	0001	1	1001	1
2	0010	1	1000	1
3	0011	1	0111	1
4	0100	1	0110	1
5	0101	1	0101	1
6	0110	1	0100	1
7	0111	1	0011	1
8	1000	1	0010	1
9	1001	0	0001	1
10	0000	1	0000	0

3. 计数器的级联使用。

（1）一个十进制计数器只能表示 0~9 十个数，为了扩大计数器范围，常用多个十进制计数器级联使用。

异步计数器一般没有专门的进位信号输出端，通常用本级的高位输出信号驱动下一级计数器计数，如图 3.5.2 所示。

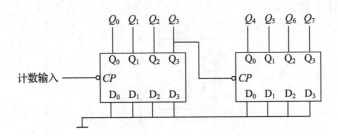

图 3.5.2 异步计数器的级联

（2）同步计数器往往有进位（或借位）输出端，故可选用其进位（或借位）输出信号驱动下一级计数器。如图 3.5.3 所示为十进制可预置同步加/减计数器的几种级联方法。(a)图是利用进位输出 CO 控制高一位的状态控制端 S_1、S_2 的级联图；(b)图是用行波进位法的级联图；(c)图是用 CO 控制使能控制端 S 的级联图。

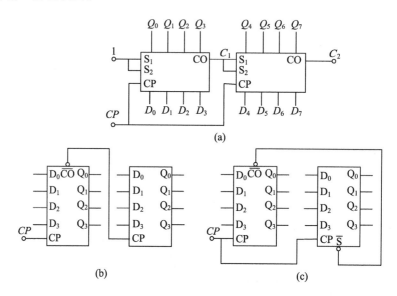

图 3.5.3 同步计数器级联方案

4. 实现任意进制计数。

（1）用复位法获得任意进制计数器。假定已有 N 进制计数器，而需要得到一个 M 进制计数器时，只要 $M<N$，用复位法使计数器计数到 M 时置"0"，即可获得 M 进制计数器。如图 3.5.4 所示为一个由十进制计数器接成的五进制计数器。

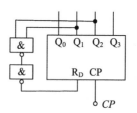

图 3.5.4 五进制计数器

（2）利用预置功能获得 M 进制计数器。图 3.5.5 是一个特殊十二进制的计数器电路方案。在数字钟里，对时位的计数序列为：1，2，…，11，12，1，2，…，12，是十二进制的，且无"0"。如图 3.5.5 所示，当计数到 13 时，通过与非门产生一个复位信号，使 74LS192(2)（时十位）直接置成 0000；而 74LS192(1)即时的个位直接置成 0001，从而实现了 1～12 计数。

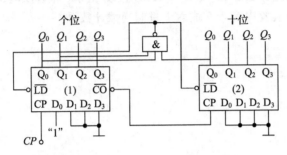

图 3.5.5　特殊十二进制计数器电路

四、实验内容和步骤

1. 测试 74LS192 同步十进制加减可逆计数器的逻辑功能。

计数脉冲由单次脉冲源提供，清零端 R_D、置数端 $\overline{LD}$、数据输入端 D_3、D_2、D_1、D_0 分别接逻辑开关，输出端 Q_3、Q_2、Q_1、Q_0 及 CO、BO 接逻辑电平显示插口。按表 3.5.1 逐项测试并判断该集成块的功能是否正常。

（1）清零。令 $R_D=1$，其他输入为任意态，这时 $Q_3Q_2Q_1Q_0=0000$，清零后置 $R_D=0$。

（2）置数。$R_D=0$，CP_U、CP_D 任意，数据输入端输入任意一组二进制数，令 $\overline{LD}=0$，观察计数器输出状态，预置功能是否完成，此后置 $\overline{LD}=1$。

（3）加计数。$R_D=0$，$\overline{LD}=CP_D=1$，CP_U 接单次脉冲源。清零后送入 10 个单次脉冲，观察输出状态变化是否发生在 CP_U 的上升沿。

（4）减计数。$R_D=0$，$\overline{LD}=CP_U=1$，CP_D 接单次脉冲源。参照上述步骤(3)进行实验。

2. 用两片 74LS192 组成 2 位十进制（100 进制）加法计数器。输入 1 Hz 连续计数脉冲，进行 00～99 累加计数，记录之。

3. 将 2 位十进制加法计数器改为 2 位十进制减法计数器实现 99～00 递减计数，记录之。

4. 设计一个数字钟移位六十进制加法计数器,并进行实验。

五、实验报告要求

1. 填写 74LS192 的功能表。
2. 画出上述实验步骤 2、3、4 线路图,并记录、整理实验结果。
3. 如何将实验内容 4 变成六十进制递减计数器?

实验六 时序逻辑电路设计

一、实验目的

1. 掌握同步时序电路的设计方法。
2. 熟悉集成触发器的逻辑功能及使用。

二、实验仪器及器件

1. 数字电路实验箱，1台；
2. 74LS74(双 D 触发器)，2片；
3. 74LS76(双 JK 触发器)，2片；
4. 74LS192(十进制加减可逆计数器)，1片；
5. 74LS00(四 2 输入与非门)，2片。

三、实验原理

74LS74、74LS76、74LS192、74LS00 的引脚排列参考前面的相应实验。

时序逻辑电路可分为同步时序逻辑电路和异步时序逻辑电路两种，这里只介绍同步时序逻辑电路的设计。

设计同步时序逻辑电路时，一般按照如下步骤进行：

1. 逻辑抽象，得出电路的状态转换图或状态转换表：即把要求实现的时序逻辑功能表示为时序逻辑函数。

2. 状态化简：将等价状态合并，以求得最简的状态转换图。

3. 状态分配：又称状态编码，首先需要确定触发器的数目 n。因为 n 个触发器共有 2^n 种状态组合，所以要想得到 M 个状态，必须取 $2^{n-1} < M \leqslant 2^n$，其次，要给每个电路状态规定对应的触发器状态组合。

4. 选定触发器类型，求出电路的状态方程、驱动方程和输出方程。

5. 根据得到的方程式画出逻辑图。

6. 检查设计的电路能否自启动。

四、实验内容及步骤

1. 用 74LS192 和 74LS00 设计一个 8421 码同步七进制加法计数器。

CP 时钟脉冲由实验箱上的单脉冲或 1 Hz 自动秒脉冲提供，计数器输出状态用实验箱的 LED 逻辑电平显示或七段数码显示管检测，记录实验结果。

2. 用 JK 触发器设计一个 8421 码同步七进制加法计数器。

CP 时钟脉冲由实验箱上的单脉冲或 1 Hz 自动秒脉冲提供，计数器输出状态用实验箱的 LED 逻辑电平显示或七段数码显示管检测，记录实验结果。

3. 用 D 触发器设计一个同步四进制加减可逆计数器。

五、实验报告要求

1. 写出设计过程，画出实验逻辑电路图。
2. 记录实验结果。

参考文献

[1]　葛广英. 电子技术实验教程[M]. 青岛：中国石油大学出版社，2016.

[2]　张玉洁. 电工基础实验[M]. 西安：西北大学出版社，2007.

[3]　刘宏电，黄筱霞. 电路理论实验教程[M]. 广州：华南理工大学出版社，2007.

[4]　赵建华，孙钊，韦宏利. 电工学实验[M]. 西安：西北工业大学出版社，2006.

[5]　王萍，林孔元. 电工学实验教程[M]. 北京：高等教育出版社，2006.

[6]　张民. 电路基础实验教程[M]. 济南：山东大学出版社，2005.

[7]　华成英，童诗白. 模拟电子技术基础[M]. 4版. 北京：高等教育出版社，2006.

[8]　康华光. 电子技术基础：模拟部[M]. 4版. 北京：高等教育出版社，1999.

[9]　陈大钦. 电子技术基础实验[M]. 2版. 北京：高等教育出版社，2000.

[10]　王春兴. 电子技术实验教程[M]. 济南：山东大学出版社，2005.

[11]　金凤莲. 模拟电子技术基础实验及课程设计[M]. 北京：清华大学出版社，2009.

[12]　毕满清. 电子技术实验及课程设计[M]. 4版. 北京：机械工业出版社，2013.

[13]　赵淑范，董鹏中. 电子技术实验及课程设计[M]. 2版. 北京：清华大学出版社，2010.

[14]　刘志军. 模拟电路基础实验教程[M]. 北京：清华大学出版社，2005.

[15]　康华光. 电子技术基础：数字部分[M]. 4版. 北京：高等教育出版社，1999.

[16]　阎石. 数字电子技术基础[M]. 北京：高等教育出版社，2002.

[17]　杨刚. 数字电子技术实验[M]. 北京：电子工业出版社，2004.

[18]　白中英. 数字逻辑与数字系统[M]. 北京：科学出版社，2002.

[19]　王澄非. 电路与数字逻辑设计实践[M]. 南京：东南大学出版社，1999.

[20]　葛广英. 电工电子技术实验教程[M]. 2版. 东营：中国石油大学出版社，2013.

［21］ 马向国，刘同娟，陈军. MATLAB &. Multisim 电工电子技术仿真应用［M］. 北京：清华大学出版社，2013.

［22］ 梁青，侯传教，熊伟，等. Multisim Ⅱ 电路仿真与实践［M］. 北京：清华大学出版社，2015.

［23］ 林育兹. 电工学实验［M］. 北京：高等教育出版社，2010.